dtv

Umberto Bottazzini

WIE DIE NULL AUS DEM NICHTS ENTSTAND

und weitere Sternstunden
der Mathematik

Aus dem Italienischen von
Anna Leube und Wolf Heinrich Leube

dtv

Ausführliche Informationen über unsere Autorinnen und Autoren und ihre Bücher finden Sie unter www.dtv.de

Dieses Buch ist auch als eBook erhältlich.

MIX
Papier aus verantwortungsvollen Quellen
FSC® C083411

Deutsche Erstausgabe 2021

Titel der italienischen Originalausgabe:
›Istanti fatali. Quando i numeri hanno spiegato il mondo‹

Gesetzt aus der Adobe Garamond Pro
Satz: Fotosatz Amann, Memmingen
Druck und Bindung: CPI books GmbH, Leck
Printed in Germany · ISBN 978-3-423-28262-8

Für Cetti,
aus Gründen, so schicksalhaft wie die in
diesem Buch beschriebenen Augenblicke

Inhalt

Prolog

Es gibt ein Davor und ein Danach. In den Geschicken der Menschen gibt es immer ein Davor und ein Danach, das liegt in der Natur der Dinge und der Geschichte. Ein Davor und ein Danach, voneinander getrennt durch einen Moment, der über künftige Jahrzehnte, wenn nicht Jahrhunderte entscheidet.

Die Natur agiert auf unerforschlichen Wegen und teilt ihre Entscheidungen unerwartet und oft dramatisch in Augenblicken mit, die die Geschichte der Menschheit geprägt haben. So zum Beispiel im Jahr 79 n. Chr. am sechzehnten Tag vor den Kalenden des November, in der Stunde, als das dumpfe unterirdische Grollen des Vesuvs zu einem Donnern anschwoll und den verheerenden Ausbruch ankündigte, der in Pompeji jegliche Spur allen Lebens auslöschte. Für Handel und Wandel in dieser blühenden Stadt gab es ein Davor, wovon die Ruinen zeugen. Das Danach ist für immer unter der Asche begraben.

»Unter der Erde erscholl ein donnerähnliches Geräusch, und unmittelbar darauf stürzte ein heftiger Stoß einen großen Teil der Stadt nieder. Im Verlauf von ungefähr 6 Minuten kamen 60 000 Menschen um. Zuerst zog sich das Meer zurück, sodass ein Teil seines Bodens trocken war; dann stürzte es zurück und stieg 50 Fuß oder mehr über sein gewöhnliches Niveau.«[1] Hier ist nicht von Pompeji die Rede, sondern so steht es in der Chronik eines Geologen über die entscheidende Stunde am 1. November 1755 in Lissabon, als eine gewaltige, über Jahrtausende aufgestaute Energie in einem winzigen Zeitintervall mit entsetzlichen Auswirkungen freigesetzt wurde. Bekanntlich war dies nicht das letzte Mal. »Es ist erwiesen, dass die Dinge gar nicht anders sein können«, tröstet der Leibniz-Anhänger Pangloss die Überlebenden in Voltaires *Candide*, weil »alles notwendigerweise zum allerbesten Zweck erschaffen« ist.[2] Wie dramatisch auch immer das Geschehen war, bei dem französischen Aufklärer wird die Naturgeschichte zum flüchtigen Zwischenfall in der menschlichen Komödie, die zur Farce gerät.

In jener »geheimnisvollen Werkstatt Gottes«, wie Goethe die Geschichte nennt, häufen sich Ereignisse, die für die Menschheit unerheblich und selten von »Sternstunden« erhellt sind, wie Stefan Zweig sie genannt hat, »dramatisch geballte, schicksalsträchtige Stunden, in denen eine zeitüberdauernde Entscheidung auf ein einziges Datum, eine einzige Stunde und oft nur eine Minute zusammengedrängt ist, die das Leben eines Einzelnen, eines Volkes und sogar den Schicksalslauf der ganzen Menschheit bestimmen«.[3]

Es gibt ein Davor und ein Danach an den Iden des März im Jahr 44 v. Chr., in der Stunde, da die Dolche von Brutus und Cassius Cäsars Leib durchbohrten und damit die Geschicke der Welt veränderten. Auch an dem schicksalhaften 29. Mai 1453 gab es ein Davor und ein Danach, als Mehmet, der junge Sultan der Türken, Byzanz einnahm, seinen Sieg in der Basilika der heiligen Sophia feierte und die Stadt, Symbol des christlichen Glaubens, tausend Jahre nach der Eroberung Roms durch die Barbaren brandschatzte und plünderte. Und auch am 18. Juni 1815, an dem Tag, als für Napoleon die Schicksalsstunde in Waterloo schlug. Und auch am 1. September 1939, als die Soldaten der Wehrmacht die polnische Grenze überschritten und für Europa und für die Welt eine verhängnisvolle Stunde schlug.

Jeder dieser schicksalhaften Momente ist das Ergebnis einer Verkettung von Ereignissen, die am Ende eines langen Entwicklungsprozesses stehen, der nach und nach und dann plötzlich zur Reife gelangt. Nicht nur Waffen und Kriege entstehen in der »geheimnisvollen Werkstatt« der Geschichte. Manche dieser Schicksalsstunden strahlen »leuchtend und unwandelbar« wie die Sterne und erhellen die »Hinfälligkeit des Menschen« mit dem Licht der Kunst. »Entsteht aber in der Kunst ein Genius«, schreibt Zweig, »so überdauert er die Zeiten; ereignet sich eine solche Weltstunde, so schafft sie Entscheidung für Jahrzehnte und Jahrhunderte.«

In den fernsten Zeiten und an den entlegensten Orten ereigneten sich die schicksalhaften Augenblicke, an die im vorliegenden Buch erinnert wird, Lichtblitze im Dunkel der Jahrhunderte, die die Geschicke der Menschen mit der Kunst der Mathematik erhellt haben. Viele Epochen sind vergangen, und Millionen Menschen kamen auf die Welt, bevor der unbekannte Schreiber geboren wurde, der in einem schicksalhaften Augenblick vor Tausenden von Jahren den genialen Einfall hatte, dass ein und dasselbe abstrakte Symbol die gleiche Menge an Vieh oder an Dingen bezeichnen konnte. Dass ein Paar Fasane und ein Paar Tage jeweils Ausdruck der Zahl 2 waren, wie Bertrand Russell sagen wird. Oder dass bei den Völkern Indiens, in China, in Südostasien und in Mittelamerika die schicksalhaften Momente gleich mehrfach auftraten, als die erstaunliche Idee aufkam, die Leerstelle und die Null mit einem speziellen Symbol zu kennzeichnen, das sich in eine Zahl verwandelt.

Die Akteure, deren Werk in jenen besonderen Augenblicken die Zeit überdauerte, sind wie Pythagoras zu nahezu mythischen Figuren geworden; sie haben sich mit unlösbaren Problemen wie der Quadratur des Kreises herumgeschlagen, haben ihren Verstand in den Dienst der geheimsten mathematischen Künste gestellt und die imaginären Welten geschaffen, in denen die Realität der modernen »Struktur des Universums« ihren Ausdruck gefunden hat. Um von jenen schicksalhaften Momenten zu berichten, ist es nicht nötig, die Fantasie zu bemühen, wie Zweig sagt, denn »in jenen sublimen Augenblicken [...] bedarf die Geschichte keiner nachhelfenden Hand«.[4]

Hier werden Sie lesen, wie Robinson Crusoe auf seiner einsamen Insel den Verlauf der Zeit festhielt. Sie erfahren die Ursachen des historischen Brandes, der vor zweihundert Jahren das britische Parlament in Schutt und Asche legte. Sie werden Zeugen des schicksalhaften Moments, in dem ein neuer Prometheus die großartigste Erfindung der Menschheit machte, und schließlich werden Sie herausfinden, was die Zahlen sind.

Zählen der Zeit und … der Dinge

EINKERBUNGEN UND KNOTEN

Wer hat noch nie von Robinson Crusoe gehört, dem Helden des Romans von Daniel Defoe, der zum ersten Mal vor dreihundert Jahren erschienen ist? Bestimmt erinnern Sie sich an die Geschichte. Als Junge hatte der Matrose Robinson Crusoe seine Heimatstadt New York verlassen, hatte einige gefährliche Abenteuer an den Küsten Afrikas erlebt und sich dann in Brasilien niedergelassen, wo er Besitzer einer florierenden Zuckerrohrplantage geworden war. In jenem Land war der Sklavenhandel den wenigen Händlern vorbehalten, die ein *asiento* besaßen, eine von den Königen Portugals und Spaniens ausgegebene Lizenz, und der öffentliche Verkauf von Sklaven war ohne dieses Dokument verboten. Deshalb ließ sich Robinson von anderen Pflanzern überreden, auf ihre Kosten ein Schiff auszurüsten, um nach Guinea zu segeln und dort eine große Anzahl Sklaven zu erwerben, die heimlich an einem Strand in Brasilien ausgeladen und unter den Schiffseignern verteilt werden sollten.

In See zu stechen, um Sklavenhandel zu betreiben, erwies sich für Robinson als keine gute Idee. Nach einigen Wochen auf See geriet das Schiff in einen gewaltigen Sturm. Tagelang war es dem Unwetter ausgeliefert und strandete schließlich vor einer Insel, wo es

Robinson als einzigem Überlebenden gelang, mithilfe des Beibootes zu landen, mit dem sich die Mannschaft zu retten versucht hatte.

»Nach zehn oder zwölf Tagen fiel mir ein, ich könnte aus Mangel an Papier, Tinte und Feder die Zeitrechnung ganz aus dem Gedächtnis verlieren, vielleicht sogar den Sonntag im Ablauf der Tage vergessen. Um das zu vermeiden, schnitt ich mit meinem Messer in Großbuchstaben eine Inschrift in einen starken Pfosten, zimmerte dann daraus ein großes Kreuz und stellte es am Strand an der Stelle auf, wo ich ihn zuerst betreten hatte. Die Inschrift lautete:

›Ich betrat hier den Strand am 30. September 1659.‹

An den Seiten dieses viereckigen Pfostens schnitt ich mit dem Messer jeden Tag eine Kerbe ein, an jedem siebten Tag machte ich die Kerbe doppelt so lang wie die Sonntagskerbe. So hatte ich meinen Kalender mit wöchentlicher, monatlicher und jährlicher Zeitrechnung.«[1]

Damit griff Robinson Crusoe in diesem Moment und auf diesem Strand auf ein Zehntausende Jahre altes Verfahren zurück und wandte es für seine Zeitmessung an. Das belegt ein in den Dreißigerjahren des vorigen Jahrhunderts in Dolní Věstonice (Tschechien) entdeckter Wolfsknochen aus dem Paläolithikum. Der Knochen weist 55 Einkerbungen auf: Die ersten 25 sind in Fünfergruppen eingeteilt, gefolgt von einer doppelt so langen Einkerbung als Abschluss der Reihe; danach beginnt eine neue Reihe von Kerben bis zu 30, die ebenfalls zu je fünf gruppiert sind. Vielleicht wollte der prähistorische Mensch, der die Markierungen anbrachte, die Schafe seiner Herde zählen, und man darf annehmen, dass ihm die Zählung auf der Grundlage der fünf Finger der Hand naheliegend erschien. Doch die Frage, wie viele Schafe er besitze, hätte er nicht beantworten können. Er hätte keine Vorstellung von der Anzahl gehabt, und noch weniger hätte er Worte gehabt, es auszudrücken. Er hätte nur auf die Kerben auf seinem Knochen deuten können und sagen: Nun, es sind so viele wie Kerben, die ich eingeritzt habe, während die Schafe an mir vorbeigingen.

Nichts anderes macht der Meeresgott Proteus in Homers *Odyssee*, wenn er gewöhnlich »die liegenden Robben [zählt]; und nachdem er sie alle bei fünfen gezählt und betrachtet, legt er sich mitten hinein, wie ein Schäfer zwischen die Herde«.[2] Aber Robinson hatte keine Robben oder Schafe zu zählen, sondern Wochen und Monate, und deswegen führte er eine bedeutsame Variante in seine Zählung ein. Sie werden ihm zustimmen, dass die fünf Finger zur Zählung des Zeitverlaufs nicht taugen. Im Unterschied zu dem Hirten von Dolní Věstonice lebte Robinson im 18. Jahrhundert, kannte den Begriff der Zahl und konnte zählen. Deswegen wählte er statt der Fünfergruppen eine doppelt lange Einkerbung alle sieben Tage und folgte damit dem christlichen Kalender, der sich seinerseits dem jüdischen Kalender angeglichen hatte, der wiederum von den Babyloniern übernommen worden war.

Etwa zwanzig Jahre nach dem Fund von Dolní Věstonice wurde in der Umgebung von Ishango, einem Ort an den Ufern des Edwardsees an der Grenze zwischen Uganda und dem Kongo, ein auf ein Alter von etwa 20 000 Jahren datierter Knochen entdeckt, möglicherweise das Wadenbein eines Pavians. Auch dieser Knochen weist eine große Zahl Kerben auf, die auf drei Reihen in unterschiedliche Gruppen verteilt sind; insgesamt befinden sich 48 Markierungen auf der ersten und 60 jeweils auf den beiden anderen. Die Mutmaßungen, wozu unser früher Vorfahr der Spezies *Homo sapiens* diese Einkerbungen anbrachte, gehen weit auseinander. Auch Sie können gern mitraten. Ist beispielsweise die Anzahl der Kerben auf jeder Reihe rein zufällig ein Vielfaches von 12? Und sind die Gruppen auf einer Reihe von 11, 13, 17 und 19 rein zufällig die Primzahlen zwischen 0 und 20? Liegt vielleicht jener Wissenschaftler richtig, der die Vermutung äußerte, dass hier ein Zählsystem auf einer 12er-Basis ähnlich dem unserer Uhr verwendet wurde? Oder zeugt es gar von Spuren tieferer Überlegungen zu den Primzahlen?

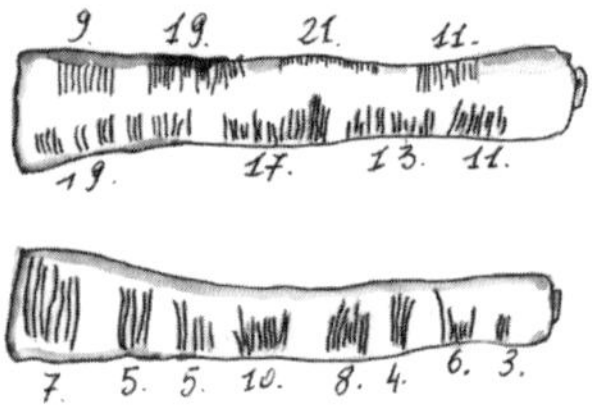

Klarer ist vielleicht die Bedeutung der 29 Markierungen auf einem anderen, über 40 000 Jahre alten Wadenbein eines Pavians, das im Jahr 1973 in den Lebombobergen an der Grenze zwischen Südafrika und Swasiland gefunden wurde. In der Tat scheint die Annahme plausibel, dass diese Einritzungen eine rituelle Bedeutung haben und irgendwie mit den Mondphasen zusammenhängen, also mit der Anzahl der Tage zwischen zwei Vollmonden. Ist es nicht erstaunlich, dass sich derselbe Typ Einkerbungen in Gruppen von 29, die an einen Mondkalender erinnern, in einer räumlichen beziehungsweise zeitlichen Entfernung von Tausenden Kilometern und Jahren auf einer aus der Jungsteinzeit (vor circa 12 000 Jahren) stammenden Knochenplatte findet, die in einer Höhle in den französischen Südalpen entdeckt wurde?

Wie dem auch sei, als Defoe seinen Roman schrieb, konnte er von derartigen archäologischen Funden keine Kenntnis haben. Dafür hatte er aber direkte Erfahrung mit einem ähnlichen Verfahren, das Jahrhunderte zuvor in England eingeführt worden und noch in Gebrauch war.

Im 12. Jahrhundert hatte Heinrich I. nämlich bestimmt, dass am Schatzamt die Rechnungslegung des Staates auf zwei Holzstäben mit Einkerbungen anzubringen war. »Ein primitives Verfahren«, wie Charles Dickens in einer sehr amüsanten Rede am 27. Juni 1855 in London vor dem Verein zur Verwaltungsreform unmissverständlich urteilte. Man stelle sich vor: Die Rechnungslegung erfolgte in der gleichen Weise, in der Robinson Crusoe seinen Kalender auf der einsamen Insel führte! Wie funktionierte diese seltsame Buchführung? Stäbe aus Ulmenholz wurden der Länge nach in zwei Teile gespalten, und auf jedem wurden spiegelgleich Kerben unterschiedlicher Breite und Tiefe angebracht, die je nachdem 1, 10 oder 100 Pfund Sterling oder vielleicht auch Shilling oder Pennys bedeuten sollten. Der kürzere Teil des eingekerbten Stabes verblieb bei der Bank von England, den längeren Teil behielt der Gläubiger. Es war leicht zu überprüfen, ob etwa Einkerbungen hinzugefügt oder gelöscht worden waren: Die entsprechenden Teile mussten zusammenpassen. Ein einzelnes Teil war wertlos – eben eine *mezza tacca*, halbe Kerbe, wie es seitdem heißt.*

Man kann es kaum glauben, aber dieses System war jahrhundertelang in England in Gebrauch. Im Lauf der Zeit, fuhr Dickens fort, »waren zahllose Rechnungsführer, Buchhalter und Haushälter geboren und gestorben. Doch die amtliche Bürokratie beharrte auf diesen Stäben mit den Kerben, als wären sie die Säulen der Verfassung; und der Fiskus verwaltete weiterhin seine Konten auf bestimmten, *tallies* genannten Stückchen aus Ulmenholz.«[3]

Wir haben gesehen, dass Robinson auf seiner gottverlassenen Insel klagte, er sei mangels Büchern, Feder und Tinte gezwungen gewesen, sich dieses Verfahrens zu bedienen. (Allerdings macht

* *mezza tacca*: Ganove, Betrüger, halbe Portion (A. d. Ü.).

James Joyce auf einer Konferenz im Jahr 1913 in Triest aus ihm den »wahren Prototyp des britischen Kolonisators«, in der Tasche ein Messer, eine Pfeife und ein Päckchen Tabak, die er aus dem Wrack gerettet hat.) Hingegen mangelte es in Defoes England keineswegs an Federn, Tinte, Papier, Schiefertafeln und Bleistiften, und erst recht nicht in den sechzig Jahren der Regierung Georgs III. von 1760 bis 1820, als ein paar revolutionäre Geister – vielleicht inspiriert von der Revolution jenseits des Kanals – sich fragten, ob es nicht an der Zeit wäre, diesen mittelalterlichen, längst obsoleten Brauch aufzugeben und zu Papier und Feder überzugehen. Doch die gesamte Bürokratie des Königreichs probte den Aufstand beim bloßen Gedanken an eine solch »waghalsige und originelle Vorstellung«, spottete Dickens, und erst im Jahr 1826 wurden die Stäbe schließlich abgeschafft und nach etlichen Versammlungen, Memoranden und Depeschen in Westminster gestapelt.

Was sollte mit diesem Berg alter, wurmzerfressener und verrotteter Stäbe geschehen? Dickens hat recht: Das Einfachste, auf das jeder intelligente Mensch spontan gekommen wäre, wäre gewesen, sie als Brennholz an die Armen des Viertels zu verteilen. Stattdessen machte man damit Feuer im Freien, benutzte es aber auch als Anzündholz in den Kaminen von Westminster Palace, und am Ende kam man auf die verrückte Idee, diese lächerlichen Hölzchen heimlich in einem Ofen des House of Lords zu verbrennen. Heimlich wie das Ausschiffen von Sklaven an den brasilianischen Stränden, das Robinson geplant hatte. Doch statt mit einem Schiffbruch endete dieses abwegige Vorhaben in einer Feuersbrunst. In der Nacht vom 16. auf den 17. Oktober 1834 erfasste das Feuer aus dem mit Wagenladungen alter Stäbe vollgestopften Ofen Teppiche und Holzvertäfelungen. Rasch breiteten sich die Flammen auch auf das Unterhaus aus, und das ganze Parlamentsgebäude wurde bei diesem gewaltigen Brand in Schutt und Asche gelegt, festgehalten auf den Gemälden von William Turner, der das Geschehen vom Themseufer aus beobachtet hatte.

Mit weniger feurigem Ausgang wurde das System der Einkerbungen auch in anderen Ländern weithin angewendet. In seinem Roman *Michel Rondet: roman historique* (1949) erwähnt André Philippe, dass die Bäcker im ländlichen Frankreich in der Gegend von Saint-Étienne noch um die Mitte des 19. Jahrhunderts auf diese Methode zurückgriffen, um die Kontrolle über das auf Kredit ausgegebene Brot zu behalten. Wenn die Frauen am Monatsende kamen, um ihre Schulden zu begleichen, reichten sie dem Bäcker ein Stück Holz, auf dem mit der Feile gekerbte Markierungen angebracht waren. Der Bäcker verglich das Stück mit seinem eigenen Duplikat, das er in einem ledernen Futteral verwahrt hatte. Waren die Kerben jeweils identisch, konnte das Konto beglichen und das Hölzchen weggeworfen werden. Der Brauch war so tief verwurzelt, dass er sogar im Artikel 1333 von Napoleons Code Civil im Jahr 1804 festgeschrieben wurde: »Die betroffenen Personen vertrauen den übereinstimmenden Markierungen (*tailles*) auf ihren Proben und benutzen sie, um detailliert zu dokumentieren, was sie geliefert oder erhalten haben.« Noch am Ende des 19. Jahrhunderts erwähnt Édouard Lucas in seiner *Théorie des nombres* (1891), dass dieser Brauch nicht auf Bäckereien im ländlichen Frankreich beschränkt war, und verglich ganz selbstverständlich die *tailles* des Bäckers mit den regelmäßigen Strichen, die auf Knochen aus urzeitlichen Höhlen entdeckt worden waren.

Ob Kredite oder Schulden, das Verfahren, Kerben auf Stöcken anzubringen, um Zahlen festzuhalten, wurde in der Schweiz, in Deutschland, in Russland und auch in Italien angewendet. Das erwähnt Luigi Capuana in der Novelle *Il tabbùtu*, ein Wort aus dem sizilianischen Dialekt – abgeleitet vom arabischen *tābūt* –, das Sarg, aber auch Kadaver bedeutet. Wir befinden uns in der Mitte des 19. Jahrhunderts in Mineo, einem Dorf auf Sizilien.

»Eines Tages war Cola Nasca mit den Karren gekommen, um San Francescos Fass mit einer Fuhre zu leeren. Donna Salvatrice saß seit dem Morgengrauen in der Vorratskammer neben dem Fass, in der einen Hand das Kerbholz, in der anderen das billige kleine Zwei-Lire-Messerchen mit dem Griff aus Eisen, um nicht von diesem Gauner bestohlen zu werden. Bei jedem sechzehnten Halbliterkrug, der in das Fass geleert wurde, schnitt sie eine Kerbe in den polierten, gespaltenen Stiel, und erst danach sollte Nasca seine Hälfte mitnehmen. So konnte es keinen Irrtum geben.«

Doch die arme Donna Salvatrice hält nicht bis zum Ende der Arbeiten durch. Aus heiterem Himmel erbleicht sie, verdreht die Augen und fällt vom Stuhl. Eine Ader ist geplatzt, und es erweist sich, dass der titelgebende *tabbùtu* für sie bestimmt ist. Capuana erzählt von einer Praxis, die offenbar in manchen Gebieten Siziliens, aber auch in Apulien und Kalabrien bis in die Mitte des 20. Jahrhunderts bei den Bauern und Händlern gebräuchlich war. Im Dialekt bedeutet *arrumpiri li tagghi* (»die Kerben zerbrechen«) die Konten begleichen. Der deutsche Ausdruck »etwas auf dem Kerbholz haben« – als Nachweis einer Schuld – bedeutet, sich etwas zuschulden kommen lassen zu haben, insbesondere gegenüber der Justiz.

Das in ganz Europa verbreitete Verfahren der eingekerbten Stöcke war jedoch, soviel man weiß, am anderen Ende der Welt nicht üblich. Die Inkavölker in Peru benutzten zum Beispiel Knoten auf Schnüren, sogenannte *quipus*, die für jedwede Art Kalkulationen benutzt wurden, seien es astronomische Berechnungen, magische Formeln oder Zahlungen im Alltagsleben. Laut den Chronisten der Zeit und den Darstellungen, die uns überliefert sind, benutzten die Inkas, um Berechnungen anzustellen, einen sogenannten *yupana*, eine Art Setzkasten (Abakus) mit verschieden angeordneten Samen, und übertrugen anschließend das Ergebnis auf die Knotenschnüre eines *quipu*.

Felipe Guamán Poma de Ayala, ein zum Christentum übergetretener Indigener adliger Herkunft, hat ein außergewöhnliches Zeugnis des Brauchtums und der Zivilisation der Inkas hinterlassen, die *Nueva Corónica y Buen Gobierno*, eine umfangreiche Handschrift von über tausend Seiten, die in der Königlichen Bibliothek von Kopenhagen aufbewahrt wird. Daraus erfahren wir, dass sich die Spanier nach der Conquista noch eine Zeit lang der Dienste von *quipucamayoc* bedienten, Personen, die traditionsgemäß beauftragt waren, die *quipus* herzustellen und zu entziffern. Allerdings beschlossen die spanischen Behörden später im Zuge der Christianisierung der lokalen Bevölkerung, den *quipucamayoc* alle Funktionen im öffentlichen Leben zu entziehen und auch die *quipus* zu zerstören (zum Glück nicht alle!), die sie als Werkzeuge des Götzendienstes betrachteten.

Dem Bericht Marco Polos in *Il Milione* zufolge waren auch in China vergleichbare Praktiken üblich, und zwar bereits seit Jahrhunderten. Davon ist auch die Rede im *I Ging, Buch der Wandlungen*, einem der ältesten chinesischen Texte: »In der Urzeit knotete man Stricke, um zu regieren.«[4] Sie ähnelten den Schnüren der peruanischen *quipus*, die laut Herodot in Persien schon zu Zeiten des Königs Darius in Gebrauch waren.

DIE ERFINDUNG DER ZAHLEN

Das Verfahren, Knoten in Schnüre zu knüpfen oder Kerben in Knochen oder Stöcke zu ritzen, ist demnach uralt. Dies offenbaren auch Ausgrabungen in Mesopotamien. Im Jahr 1928 förderten Archäologen in den Ruinen von Nuzi, einer Stadt südlich des heutigen Mossul (Irak), ein Tongefäß zutage, das kaum größer als ein Ei war und aus dem 15. Jahrhundert v. Chr. stammte. Seine Oberfläche enthielt in Keilschrift Angaben zu verschiedenen Objekten, darunter 48 Tiere, unter anderem Böcke, Schafe, Lämmer und Ziegen. Im Inneren des Gefäßes fanden die Ausgräber entsprechend viele kleine Objekte aus Ton. Ähnlich wie die Kerben auf den Knochen von Wolf und Pavian diente das Gefäß mit Sicherheit dem gleichen Zweck: eine Entsprechung von Viehherden und den sie repräsentierenden Gegenständen herzustellen.

Eine eineindeutige Entsprechung, so heißt das heute in der Mathematik – jedem zu zählendem Objekt entspricht eine Kerbe auf einem Knochen oder einem Stock, ein Kiesel in einem Häufchen, ein Gegenstand in einem Gefäß, und vice versa. Natürlich – und das gilt auch für den eingekerbten Knochen aus Dolní Věstonice – sagt eine solche Entsprechung nichts darüber aus, wie viele Objekte es tatsächlich sind, die gezählt werden, sie sagt nur, dass es so viele wie die Kerben, die Knoten, die Kiesel sind. Eine Folge von Rillen auf einem Stock, von Knoten an einer Schnur oder Gegenstände in einem Gefäß stellt bereits ein relativ abstraktes symbolisches System dar, denn es ist unabhängig von der Beschaffenheit dessen, was gezählt wird. Dabei macht es keinen Unterschied, ob es sich um Tiere, Schulden oder Kredite, Tage oder Mondphasen handelt. Zum Konzept der Zahl fehlt allerdings noch ein Schritt. Ein Schritt, der noch Jahrhunderte dauern sollte.

Was die Funde von Nuzi offenbart haben, war gewiss eine seit unvordenklichen Zeiten geübte Praxis. Vielleicht gehörte das Tongefäß einem Aufseher, der an einem Stadttor die Tiere kontrollierte, welche die Hirten auf die Weide führten, und der für jedes Tier der Herde, das vor seinen Augen vorbeizog, ein Objekt in das Gefäß legte, das sich je nach Tierart nach Form oder eingeritzter Zeichnung unterschied. Vielleicht war es aber auch ein Angestellter im

Dienst eines Besitzers, der die den Hirten anvertrauten Herden überwachte.

Wie aber konnte man sicher sein, dass bei der Rückkehr von den Weiden keiner betrogen hatte, vielleicht ein Hirte, der ein Schaf verloren hatte, ein Herdenbesitzer, der ein zusätzliches Objekt in das Gefäß gelegt hatte, um dann den Preis dafür einzufordern, oder der Verwalter, der beide beschummeln wollte? Als Sicherheit für alle Beteiligten wurde folgende Lösung gefunden: Eine Beschreibung des Inhalts wurde außen am Tongefäß aufgebracht, das danach versiegelt wurde. Bei der Rückkehr der Herde musste nur das Gefäß aufgebrochen werden, um die Übereinstimmung von Objekten und Anzahl der Tiere zu überprüfen. Anscheinend wurde diese Methode auch für die Zählung anderer Erzeugnisse wie Getreide, Stoffe oder Töpferwaren angewandt.

So nahmen die Dinge über Jahrhunderte ihren Lauf, bis jemand nicht einsehen wollte, dass man für jedes zu registrierende Objekt ein anderes Symbol brauchte und die zur Bezeichnung des Inhalts benutzten Symbole viele Male wiederholt werden mussten. »Es bedurfte vieler Geschichtsepochen, um zu entdecken, dass ein Paar Fasane und ein Paar Tage beide Ausdruck der Zahl 2 waren«, schrieb einmal der berühmte Denker Bertrand Russell. Als aber diese Entdeckung gemacht wurde – das ist genau der schicksalhafte Augenblick, an dem das abstrakte Konzept der Zahl entstand. Es ist der Moment, an dem ein unbekannter Buchhalter in Mesopotamien erkennt, dass man außen auf dem Tongefäß ein Symbol anbringen kann, das unabhängig von der Beschaffenheit des Inhalts ist, ganz gleich, ob es sich um Böcke, Schafe, Ziegen oder Getreide handelt.

Man stelle sich einmal vor: ein und dasselbe Symbol zur Kennzeichnung der gleichen Menge an Tieren, Getreide oder Töpfen! »Der dabei implizierte Abstraktionsgrad ist weit davon entfernt, leicht erfasst werden zu können«, bemerkt Russell zu Recht. Wir sind so sehr an diese Vorstellung gewöhnt, dass wir uns nur schwer ihrer revolutionären Tragweite bewusst werden können. Und es ist kein Zufall, dass Aischylos im *Gefesselten Prometheus* die Zahl, die Folge dieses schicksalhaften Moments, »die vortrefflichste aller Erfindungen« nennt, die Prometheus den Menschen geschenkt habe. Besaß man einmal das abstrakte Konzept der Zahl, war es naheliegend, anstelle von eiförmigen Gefäßen bequemer zu handhabende Tontäfelchen zu verwenden und auf diesen mit einem Instrument aus Schilfrohr die Zahlensymbole einzutragen, wie wir sie auf der Tafel mit den babylonischen Zahlen sehen können.

Daraus ergibt sich auf den ersten Blick, dass eine Zahl die Summe der konstanten Werte wiedergibt, die sie kennzeichnen, dass das numerische System additiv ist, wie die Mathematiker sagen, und die Tafel verrät auch, wie es funktioniert. Betrachten wir zum Beispiel die Symbole für die Zahlen 1, 2 und 3: Die Symbole für 2 und 3 ergeben sich aus der zwei- beziehungsweise dreimaligen Wiederholung des für die Zahl 1 stehenden Symbols. Das Verfahren ist uns natürlich vertraut, es ist dasselbe wie für die römischen Ziffern I, II und III.

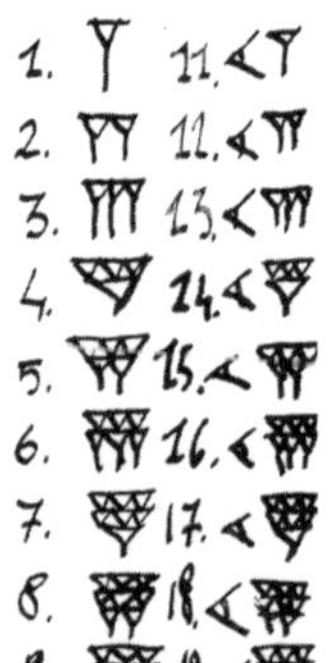

Auch die chinesischen Ziffern verwenden dieses System, ebenso die Brahmi- und Gupta-Ziffern der Inder und jenseits des Ozeans die der Maya.

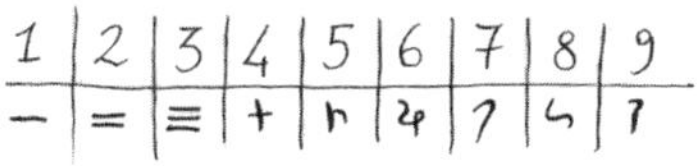

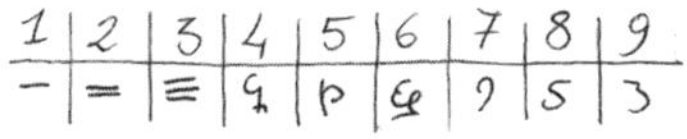

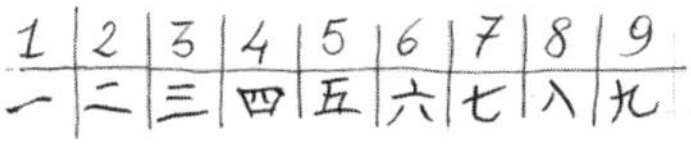

Die alten Zivilisationen verwendeten also zur Darstellung der ersten drei Zahlen ganz überwiegend dasselbe Verfahren: die zwei- und dreimalige Wiederholung des Zeichens für die Eins. Und bei näherer Betrachtung steckt hinter den modernen arabischen Ziffern das gleiche repetitive Vorgehen. Ab der Vier wird jedoch in allen Kulturen diese Methode aufgegeben. Ersichtlich wird das auch auf der Tafel der babylonischen Zeichen. Warum ist das so? Stellen wir uns beispielsweise einmal die Darstellung der Zahl 23 als eine Wiederholung des Symbols für die Eins vor. Wir erkennen sofort, wie kompliziert das Schreiben und ebenso das Lesen wäre – wie soll man auch auf einen Blick die auf diese Weise dargestellte Zahl von 21 oder von 24 unterscheiden? Doch vielleicht steckt noch ein tieferer Grund dahinter, der mit dem unserer Spezies angeborenen Zahlensinn zu tun hat, der nicht über 3 hinausgeht, wie Studien mit wenige Monate alten Neugeborenen bestätigt haben.

Überlassen wir die Vertiefung solcher Überlegungen den Kognitionspsychologen und wenden uns wieder der Tabelle mit den babylonischen Zahlensymbolen zu. Man erkennt, dass ab der Zahl 10 das System bis zur Zahl 60 dezimal wird. Die Zahl 23, um unser obiges Beispiel aufzugreifen, wird durch die Wiederholung des Symbols für die Zahl 10 und zusätzlich durch das Symbol für die 3 dargestellt. Im Unterschied allerdings zu unserem Dezimalsystem, das mit einer Abfolge der 10er-Potenz arbeitet, also 1, 10, 10 × 10, 10 × 10 × 10 usw., nimmt das System der alten Babylonier wahlweise die 10 und die 6, wie zum Beispiel:

$$1, 10, 10 \times 6, (10 \times 6) \times 10, (10 \times 6 \times 10) \times 6, \ldots$$

Anders ausgedrückt liegt diesem System eine sexagesimale oder besser eine dezimal-sexagesimale Ausrichtung auf der Basis von 60 zugrunde.

Auch im alten Ägypten war ein additives Dezimalsystem in Gebrauch, das heißt, ein System, in dem Symbole für konstante Zahlenwerte (meist 1, 10 und weitere 10er-Potenzen) eingesetzt wurden. Warum gerade ein Dezimalsystem? Weil man seit der frühesten Antike intuitiv anhand der zehn Finger zählte. Aufgrund dieses anatomischen Details – ein »Zufall der Natur«, nach einem gelungenen Ausdruck von Édouard Lucas – hat sich das Dezimalsystem als das am weitesten verbreitete Zahlensystem durchgesetzt. Es ist natürlich nicht das einzige, vielleicht nicht einmal das zweckmäßigste aus mathematischer Sicht, und es handelt sich auch nicht um das heute gebräuchliche Dezimalsystem.

Jahrtausende bevor sich dieses System von Indien ausgehend im Westen verbreitete, war bei den frühen Völkern Mesopotamiens (und Ägyptens) ein additives System in Gebrauch, nach dem eine Zahl die Summe der konstanten Werte wiedergab, die mit den Symbolen verbunden waren, die diese Zahl darstellten. Dieselbe Idee ist die Grundlage der uns vertrauteren Funktionsweise der römischen Ziffern: ein additives System mit besonderen Symbolen für fünf (V), zehn (X), fünfzig (L), hundert (C) und so weiter. Sodass sechs also VI und elf XI geschrieben wird. In diesem System gilt auch das subtraktive Prinzip: Eine Zahl war auch darstellbar, indem ein Zahlensymbol, das einen geringeren Wert bezeichnete, einem anderen Zahlensymbol vorangestellt wurde, wie zum Beispiel IV für vier oder IX für neun.

In früheren Zeiten benutzten manche Bevölkerungen zum Zählen nicht nur die Finger, sondern auch die Zehen. Nur so erklärt sich das Zählsystem auf der Basis von 20, das in manchen Gegenden Westafrikas, in Zentralamerika und in manchen Teilen Europas gebräuchlich war. Spuren davon finden sich heute noch in verschiedenen Sprachen. Shakespeare entnimmt der englischen Bibelübersetzung den Ausdruck *three score and ten* (dreimal zwanzig und zehn), mit dem Macbeth auf das durchschnittliche Lebensalter der Menschen, nämlich siebzig Jahre, anspielt.

»*Four score and seven years ago*«, vor siebenundachtzig Jahren. Mit diesen Worten eröffnete Abraham Lincoln seine Rede am 19. November 1863 in Gettysburg zur Einweihung des Friedhofs für die in der gleichnamigen Schlacht im Bürgerkrieg gefallenen Soldaten von Union und Konföderation. Mit dieser Zahl erinnerte der Präsident an die Gründungsprinzipien der Vereinigten Staaten. So viele Jahre waren nämlich seit 1776 vergangen, als die dreizehn amerikanischen Kolonien ihre Unabhängigkeit vom Vereinigten Königreich erklärt und damit eine neue Nation geschaffen hatten. Diese Rede ist im Lincoln Memorial eingemeißelt. *Score* steht also für zwanzig in Lincolns Englisch. Und hundert Jahre später auch im Englischen von Martin Luther King: »*Five score years ago*« sind die ersten Worte seiner berühmten Rede *I have a dream*, die er im August 1963 ganz bewusst auf den Stufen des Lincoln Memorial hielt. In der Umgangssprache ist diese Bedeutung von *score* verschwunden.

Verschwunden ist im Vereinigten Königreich auch das eigentümliche duodezimal-vigesimale monetäre System, in dem ein Sterling 2 Shilling wert war und jeder Shilling 12 Pennys. Erst 1971 wurde das Dezimalsystem eingeführt, heute ist ein Sterling 100 Pennys wert, und der Shilling wurde 1990 aus dem Verkehr gezogen. Reste der Zählweise auf 20er-Basis finden sich auch im Baskischen, Dänischen und Französischen. Vielleicht sind die Begriffe *quatre-vingts* (80) und *quatre-vingt-dix* (90) bis hin zu *quatre-vingt-dix-neuf* (99) nichts anderes als Überreste eines additiven, aus dem Keltischen stammenden Vigesimalsystems, das sich mit einem Sexagesimalsystem verband, wovon die Ausdrücke *soixante* (60) bis zu *soixante-dix-neuf* (79) zeugen.

Auch jenseits des Atlantiks finden wir in der Kultur der Maya und Azteken Zentralamerikas das gleiche Modell der Vigesimalzählung mit dem bemerkenswerten Auftauchen eines Zeichens für die Null, das allerdings spurlos verschwunden ist. Die wenigen Zeugnisse der wissenschaftlichen Errungenschaften der Maya stammen aus Fragmenten von Inschriften und den drei Codices, die von den Flammen der vom spanischen Bischof Diego de Landa, dem Inquisitor von Yucatán, angeordneten Scheiterhaufen verschont geblieben sind. Besessen von dem Eifer, jegliche Spur der Kultur und der Religion der kolonisierten Völker auszulöschen, ließ de Landa am 12. Juli 1562 sämtliche Maya-Manuskripte bei einem Autodafé verbrennen. Erst Jahre später wurde er wegen angemaßter Inquisitionsgerichtsbarkeit angeklagt und nach Spanien zurückbeordert, wo ihm der Prozess gemacht wurde. Vielleicht aus Reue verfasste er in den Jahren 1566 bis 1568 seine *Relación de las cosas de Yucatán*, ein Zeugnis der Geschichte, der Religion und Kultur und insbesondere der Schrift der Maya aus erster Hand. Er wurde freigesprochen und von Philipp II. zum Bischof von Yucatán ernannt, wo er den Rest seines Lebens verbrachte. Bestattet wurde er in Mérida im Kloster San Francisco, das, wie bei den Konquistadoren üblich, auf den Ruinen einer Maya-Pyramide errichtet worden war.

Für die Zahlen 1 bis 19 verwendeten die Maya Symbole aus Punkten und Linien, die Null wurde durch ein Zeichen dargestellt, das einem halb geschlossenen Auge ähnelte, und die Zahlen 1 bis 13 galten als heilig. Das gab es nicht nur bei den Maya. Auch bei den Babyloniern hatten die Zahlen eine heilige Bedeutung, und jede Zahl bis 60 wurde mit einer eigenen Gottheit in Verbindung gebracht, angefangen mit Anu, dem Gott des Himmels.

Wie das Vigesimal- und das Dezimalsystem beruht auch die Zählung auf der 12er-Basis nach Ansicht einiger Wissenschaftler auf den Fingern, oder genauer: den Fingergliedern einer Hand – je drei, ohne den Daumen. Eine klassische Art, mithilfe der Finger zu zählen, besteht ja darin, die Glieder der Finger einer Hand, zum Beispiel der rechten, abzuzählen und, einmal bei 12 angelangt, das Dutzend auf die Finger 1 bis 5 der linken zu übertragen (das heißt 12 × 5 = 60).

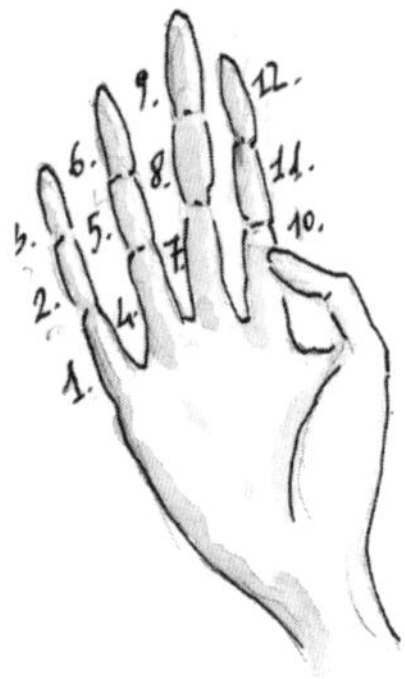

Diese Art zu zählen war wahrscheinlich auch bei den Völkern des Vorderen Orients üblich. Dies würde auch die besondere Rolle erklären, die in ihren Zählsystemen den Zahlen 60 und 12 zugewiesen wurde.

DIE NATÜRLICHEN ZAHLEN

Die jahrtausendealte Praxis, Entsprechungen festzulegen, auf denen die modernen Definitionen der Zahlen beruhen, mag »natürlich« erscheinen, nachdem man einmal gelernt hatte zu zählen, und vielleicht sprechen wir deshalb von natürlichen Zahlen. In Wahrheit ist der Zahlenbegriff keineswegs »natürlich«. Es genügt der Verweis auf primitive Sprachen, die über keine Bezeichnungen für abstrakte Zahlen verfügen, sondern nur über unterschiedliche Namen, um die gleiche Anzahl verschiedener Gegenstände zu bezeichnen. Mehr noch: In den Urwäldern des Amazonasgebiets leben Bevölkerungen wie die Pirahã, die nur den Begriff einer Annäherungszahl haben, sie zählen bis 2, und für eine höhere Anzahl haben sie nur ein Wort für »viele«. Die Mundurukú kennen Bezeichnungen bis fünf, benutzen sie jedoch wie Adjektive, während sich ihre Sprache, was das Zählen betrifft, auf »wenige« oder »viele« beschränkt.

Die natürlichen Zahlen sind so wenig »natürlich«, dass zwischen dem ausgehenden 19. und den ersten Jahrzehnten des 20. Jahrhunderts die Meinungen einiger der größten Mathematiker und Logiker ihrer Zeit darüber geteilt waren. Im Jahr 1887 behauptete der Mathematiker und Physiologe Hermann von Helmholtz zum Beispiel, das Zählen sei »eine auf rein psychologischen Tatsachen beruhende Methode«. Analysiert man den Übergang von einer Zahl zur folgenden, erkennt man, dass dieser Vorgang auf dem psychologischen Tatbestand basiert, »dass wir uns im Stande finden, die Reihenfolge, in der Bewusstseinsakte zeitlich nacheinander eingetreten sind, im Gedächtnis zu behalten«. Und Helmholtz, sich auf Kant berufend, weiter: »In diesem Sinne ist die Einordnung in die Zeitfolge die unausweichliche Form unserer inneren Anschauung.«[5] Auf dieser Einordnung in die Zeitfolge beruht seiner Auffassung nach das Konzept der Zahl.

Die völlig entgegengesetzte Ansicht vertrat der Logiker Gottlob Frege. »Nein, mit Gefühlen hat die Arithmetik nichts zu schaffen. Ebenso wenig mit innern Bildern«, argumentierte Frege dagegen. »Diese Auffassung zieht alles ins Subjektive und hebt, bis ans Ende verfolgt, die Wahrheit auf.« Die Arithmetik ist mitnichten eine subjektive Wissenschaft, im Gegenteil, seiner Meinung nach beruht sie »auf den allgemeinen logischen Gesetzen«,[6] und die Definition der natürlichen Zahl entstammt den »einfachen logischen Gesetzen«, aus denen sich auch die Vorstellung von eindeutiger Entsprechung, und zwar allein »aus sich heraus« ergibt, behauptete der Verfasser und kündigte das »logische« Konzept der Mathematik an, das im nachfolgenden Jahrhundert von Bertrand Russell aufgegriffen und ausgearbeitet werden sollte.[7]

Was sind und was sollen die Zahlen?, fragte sich Richard Dedekind, ein anderer Mathematiker. Seine Antwort auf die im Titel eines seiner Werke (1888) gestellte Frage: »Die Zahlen sind freie Schöpfungen des menschlichen Geistes«, deren Eigenschaften der Mathematiker untersucht. Laut Dedekind beruht die Wissenschaft der Zahlen auf der Fähigkeit des menschlichen Geistes, »Dinge auf Dinge zu beziehen«, ohne »welche Fähigkeit«, wie er meint, »überhaupt kein Denken möglich ist«.[8] Und es wäre auch nicht möglich, könnte man hinzufügen, Tage zu zählen, wenn man an Robinson auf seiner einsamen Insel denkt. Um die Abfolge der natürlichen Zahlen zu kennzeichnen, ging Dedekind vom ursprünglichen Begriff »System« (oder Gesamtheit) von Dingen und deren Entsprechungen untereinander aus. Verschiedene Dinge, so der Mathematiker, können unter einem gemeinsamen Gesichtspunkt aufgefasst und im Geist zusammengestellt werden und damit ein System bilden, und umgekehrt kann jedes Element des Systems auf ganz bestimmte Weise einem Bild, einem Gegenstand des Denkens zugeordnet werden.[9] Über den Begriff des Systems und seine Eigenschaften entwickelte Dedekind die Abfolge der natürlichen Zahlen in axiomatischer Form, das heißt, er charakterisierte die Struktur der natürlichen Zahlen mit vier Bedingungen (oder Axiomen).

Im Jahr darauf veröffentlichte der Mathematiker und Logiker Giuseppe Peano (auf Lateinisch!) die Schrift *Arithmetices principia nova methodo exposita* (1889), in der er ein System von Axiomen für die Zahlen vorstellte, das, wie er selbst einräumte, im Wesentlichen mit Dedekinds Ansatz übereinstimmte, wiewohl er es davon unabhängig entwickelt hatte. Anstelle der Begriffe »System« und »eineindeutige Entsprechung« nahm Peano als Basisbegriff die Klasse (oder Eigenschaft), ausgehend von der Zahl 1 und dem Nachfolger, wobei er unter »Nachfolger« einer Zahl *a* die Nachfolgezahl von *a* in der natürlichen Ordnung verstand, wonach der Nachfolger von

1 2 ist, der Nachfolger von 2 dann 3, und so weiter. Die von Peano benannten Axiome waren:

a) 1 ist eine Zahl.
b) Der Nachfolger einer Zahl ist eine Zahl.
c) Es gibt keine zwei Zahlen mit demselben Nachfolger.
d) 1 ist kein Nachfolger irgendeiner Zahl.
e) Jede von 1 erfüllte Eigenschaft und vom Nachfolger jeder Zahl, die diese Eigenschaft erfüllt, ist allen Zahlen eigen.

Peano lieferte also keine Definition der Zahl, sondern bestimmte die grundlegenden Eigenschaften der Zahlenfolge mit einem System von Bedingungen, das bis heute von den Mathematikern anerkannt wird. Aber finden Sie nicht, dass da etwas fehlt? Haben Sie bemerkt, dass bei Peanos Axiomen sowie bei den Tafeln der babylonischen, chinesischen, römischen und indischen Zahlen der Brahmi- und Guptazeit das Anfangselement der Zahlenfolge die 1 und nicht die 0 ist? Und auch wir sind gewohnt, so zu denken. Man könnte meinen, die Null spiele eine ganz besondere Rolle, so wie auch die Geschichte außergewöhnlich ist, die zum schicksalhaften Moment führt, an dem die Null die Bühne der Mathematik betritt.

Im folgenden Kapitel erwartet Sie der Auftritt der Null und der Leere in schicksalhaften Momenten fern in Zeit und Raum, am Hof Karls des Großen und im Theater Shakespeares, in den Bekenntnissen des Augustinus und in den Texten von Lewis Carroll. Die Null ist die Leere der Taoisten, die zwischen den Zahlenzeichen frei gelassene Stelle in den Texten der Seleukiden oder auf den Inschriften der Chinesen, der Punkt auf einer Stele aus der Vor-Angkor-Zeit oder im Indien des 5. Jahrhunderts. In der indischen Sūnya-Leere, die von den Arabern in das christliche Abendland gebracht wurde, heißt sie Ziffer oder Zephir. Sie wird für Leibniz zum Abbild der göttlichen Schöpfung und schließlich eine Art leerer Gesamtheit und zugleich das Element, das alle Zahlen hervorbringt.

Eine Null für das Nichts

DAS PARADOXON DES NICHTS

Aachen, im März 800 n. Chr. An einem Abend jenes Monats trägt der Diakon Fridugisus von Tours, ein Schüler Alkuins, den Edelleuten an der Königspfalz eine Epistel mit dem Titel *De nihilo et tenebris* vor, einen Brief über das Nichts und die Dunkelheit, gerichtet an Karl den Großen, der mit seinem Heer gerade die Küsten der Normandie besetzt. Die Frage, die Fridugisus in dieser Epistel diskutiert, ist die, ob das Nichts etwas ist oder nicht.

Die Frage mag zwar bizarr erscheinen, doch hat sie Fridugisus keineswegs als Erster gestellt. Viele sind ihr schon nachgegangen und gaben es auf, weil es für unmöglich erachtet wurde, sie zu klären. Auch sein Lehrer Alkuin, ein enger Berater des Kaisers, stellte diese Frage in der *Disputatio Pippini*, als er Pippin, den zweiten Sohn Karls des Großen, fragte: »*Quis est qui non est*« (Was ist, was nicht ist?). Es klingt wie ein Zungenbrecher, wie ein sinnloses Rätsel, das den Jungen jedoch nicht in Verlegenheit bringt. »Nichts«, ist seine schnelle Antwort. Aber Alkuin fragt nach: Wie kann etwas sein und zugleich nicht sein? »*Nomine est, et re non est*«, das heißt, dem Namen nach existiert es, de facto nicht. Alkuins Erklärung aus dem Munde Pippins ist also, das Nichts ist ein Wort, aber kein Ding.

Die Erforschung des Wesens des Nichts ist kein bloßer Zeitvertreib an der Kaiserpfalz. Die Beschäftigung damit reicht weit in die Vergangenheit zurück. In Parmenides' Gedicht *Über die Natur* kündigt die Göttin an, zu offenbaren, »welche Wege der Erforschung allein denkbar sind: der eine Weg, dass das Seiende ist und dass es unmöglich nicht sein kann […] der andere aber, dass es nicht ist und dass dies Nicht-Sein notwendig sei«. Ausgehend vom Nichts (oder Nicht-Sein), heißt es im Gedicht weiter, ist es unmöglich, das Nicht-Sein zu sagen oder zu denken: »Denn das Nicht-Seiende kannst du weder erkennen noch aussprechen.« Und weiter: »Denn das Seiende denken und sein ist dasselbe.« »Dazu ist nötig zu sagen und zu denken, dass nur das Seiende existiert, das Nicht-Seiende dagegen nicht; das heiß' ich dich wohl zu beherzigen.«[1]

Auf diese Ermahnung antwortet Fridugisus. Er verlegt die Diskussion auf die Ebene der Logik, beruft sich auf die *ratio,* die Vernunft, und vertritt die Ansicht, dass jeder bestimmte Name etwas bedeutet. Namen wie zum Beispiel »Mensch«, »Stein« oder »Baum«. Wenn »Nichts« ein Name ist, ist es ein bestimmter Name und bezieht sich als solcher auf etwas Seiendes. Es ist also ein Wort mit einer Bedeutung, ist »bedeutungstragendes Stichwort«, sagt Fridugisus; jeder Name verweist damit auf das, was er benennt.

Daraus folgt, dass das Nichts »nicht etwas nicht sein kann«. Wenn aber das Nichts existiert, fragt man sich zwangsläufig: Was ist es dann? Und wie ist es? Fragen, so sagt der Diakon, auf die es keine Antwort gibt. Kurzum, das Nichts ist etwas Existierendes, aber man kann nicht sagen, was es genau ist. Dagegen kann man sich vielleicht ein Symbol ausdenken, das es darstellt?

Mit seinen Fragen erinnert uns Fridugisus an den Schüler, der in einem berühmten Zen-Dialog (*mondō*) den Meister fragt, wie man zur Erleuchtung gelangen könne. »Nur wenn man das Nichts wahrnimmt«, ist die Antwort des Meisters. Der Schüler fragt nach:

»Du sagst: Nichts. Aber ist das nicht schon etwas, was man wahrnimmt?« Gewiss, man nimmt etwas wahr, versichert der Meister, »aber das Objekt dieser Wahrnehmung stellt nicht ›Etwas‹ dar«. »Wenn es aber nichts darstellt«, fragt der Schüler weiter, »wie soll man es wahrnehmen können?« »Die echte Wahrnehmung« in der Zen-Philosophie, erklärt der Meister, »ist die Wahrnehmung, wo es überhaupt keinerlei Objekt gibt.«

In der christlichen Tradition hingegen führt Fridugisus' Argumentation auf den Dialog mit Adeodatus in Augustinus' Werk *De magistro* zurück. Augustinus jedenfalls warnt, es sei besser, diese Art Fragen gar nicht zu stellen, um nicht ins Absurde zu verfallen, »dass uns nichts hält und gleichwohl werden wir [vom Nichts] gehalten werden«. Im Grunde ist es nicht anders, wenn es um den Begriff der Zeit geht. »Was also ist die Zeit? Wenn niemand mich danach fragt, weiß ich's«, versichert Augustinus in den *Bekenntnissen,* »will ich's aber einem Fragenden erklären, weiß ich's nicht.« Und er fügt hinzu, »wenn nichts verginge, gäbe es keine vergangene Zeit, und wenn nichts käme, keine zukünftige, und wenn nichts wäre, keine gegenwärtige Zeit«.[2]

Das Nichts ist also letztlich das Mittel zur Bestimmung des Wesens der Zeit, wie es in den Worten Leonardo da Vincis anklingt, wenn er im *Codex Atlanticus* vermerkt, dass »unter den großen Dingen, die sich unter uns befinden, das Nichtsein das allergrößte ist«, und im Nachklang zu Augustinus fügt er hinzu, dass »dies seinen Ort in der Zeit hat und seine Glieder in die Vergangenheit und die Zukunft ausstreckt, mit denen es alle vergangenen und zukünftigen Werke besetzt, die der Natur wie die der Tiere, und nichts besitzt von der unteilbaren Gegenwart«.[3]

Diese Sätze mögen uns als nutzlose Sophismen erscheinen, als sinnlose Wortspielereien. Doch Ludovico Geymonat zufolge befassen sich die von Fridugisus in *De nihilo et tenebris* aufgeworfenen

Fragen mit einigen der schwierigsten Probleme des menschlichen Verstandes. Mit seinem feinen Geist habe Alkuins Schüler die Antinomien des Nichts aufgedeckt und diskutiert und dabei das realistische Konzept infrage gestellt, mit dem sich auch moderne Logiker wie Gottlob Frege oder Bertrand Russell auseinandersetzen mussten.

Die theologischen Aspekte der Epistel des karolingischen Diakons verunsicherten Karl den Großen und bewogen ihn, bei dem irischen Mönch Dungalus Rat zu holen: Was war die »Finsternis auf der Tiefe« im Augenblick vor der Schöpfung, von der die Bibel spricht? Und wenn die Welt aus dem Nichts (*ex nihilo*) erschaffen wurde, wie es in den Schriften der Kirchenväter steht, oder aus einem »gleichsam formlosen Nichts«, wie Augustinus in den *Bekenntnissen* sagt, was war dann das Nichts unmittelbar vor der Schöpfung? Wir wissen nicht, was Dungalus geantwortet hat, doch mit Sicherheit war es der Beginn einer Jahrhunderte andauernden Debatte.

Im Grunde ist Fridugisus' Argumentation nicht unähnlich der, auf die sich Anselm von Canterbury im *Proslogion* (1077 oder 1078) bezieht, um die Existenz Gottes zu beweisen. Auch der »Tor«, der die Existenz Gottes leugnet, kann, wenn er die Definition Gottes hört als »etwas, über das hinaus nichts Größeres gedacht werden kann«,[4] nicht denken, dass Gott nicht existiert, und muss zugeben, dass es ihn gibt. Charles de Bovelles drückt es in seinem *Libellus de nihilo* (1509) lapidar so aus: »Wenn es das Nichts gibt, gibt es alle Dinge; wenn es alle Dinge gibt, gibt es Gott; wenn es also das Nichts gibt, gibt es Gott.«[5]

Doch allein daraus, dass eine Sache denkbar ist, kann nicht auf deren Existenz geschlossen werden, wird Kant einwenden und widerlegt damit Anselms ontologisches Argument in seiner Schrift *Der einzig mögliche Beweisgrund zu einer Demonstration des Daseins*

Gottes (1763), lange bevor im Jahr 1932 Rudolf Carnap die ganze Sache als sinnlos abtut. In seiner Abhandlung mit dem programmatischen Titel *Überwindung der Metaphysik durch logische Analyse der Sprache* erklärt er: »Auf dem Gebiet der Metaphysik [...] führt die logische Analyse zu dem negativen Ergebnis, dass die vorgeblichen Sätze dieses Gebiets gänzlich sinnlos sind.«[6] Nach Carnaps Überzeugung erweisen sich die Sätze der Metaphysik schlicht als Pseudosätze ohne jeden Sinn. Ebenso klingt es bei Martin Heidegger in seiner Antrittsvorlesung *Was ist Metaphysik?* (1929), wo es heißt: »Das Nichts nichtet.«[7]

Zunächst hat Carnap leichtes Spiel, wenn er behauptet, dass *nichten* keine definierte Bedeutung hat und *das Nichts* nur eine (unzulässige) Substantivierung des Verneinungspartikels »nicht« ist, was die Existenz des Nichts, verstanden als Entität, suggeriert, während vom Standpunkt der Logik aus »nichts« nur die Negation von »zumindest etwas gibt es« ist. Kurzum, es handelt sich nur um ein Missverständnis, ein Wortspiel, für das es zahlreiche Beispiele in der Literatur gibt, angefangen beim listenreichen Odysseus, der sich gegenüber dem Riesen Polyphem als Niemand ausgibt, sodass, als dieser den Zyklopen zuruft, dass ihn Niemand umbringe, diese keinen Anlass sehen, ihm zu Hilfe zu eilen.

Von Odysseus ließ sich gewiss Lewis Carroll in *Euclid and his Modern Rivals* (1879) inspirieren, einer als Dialog angelegten geistreichen und ironischen Verteidigung der *Elemente* Euklids gegen seine modernen Kritiker, die sich dem Urteil des Königs Minos stellen müssen. Vom Phantom Euklids angerufen, stellt sich in Gegenwart von Minos das Phantom eines deutschen Professors vor, »ein guter Freund von mir«, wie Euklid versichert, der »alle Bücher gelesen hat und bereit ist, jede These, gleich ob richtig oder falsch«, zu vertreten. »Ein charmanter Gefährte«, ruft Minos aus. »Wie heißt er denn?« »Phantome haben keinen Namen«, erwidert

Euklid, »nur Nummern. Sie können ihn ›Herr Niemand‹ nennen, oder, wenn Ihnen das lieber ist, Nummer einhundertdreiundzwanzig Millionen vierhundertsechsundfünfzigtausendsiebenhundertundneunundachtzig.«[8] Damit betritt das Phantom des »Herrn Niemand« die Bühne und legt zu Minos' Beurteilung einen Stapel »Phantombücher vor, will heißen, die fantastisch gebundenen Werke der modernen Rivalen Euklids«.

Dieses sprachliche Spiel mit paradoxen Wendungen wiederholt Carroll in *Alice hinter den Spiegeln* (1871), als der Weiße König Alice zu ihrem scharfen Auge beglückwünscht, mit dem sie sogar auf große Entfernung entlang der Straße niemanden sehen kann. »Auf der Straße sehe ich niemand«, sagte Alice. »Ach, wer solche Augen hätte!«, bemerkte der König wehmütig, »mit denen man selbst Niemand sehen kann! Noch dazu auf die Entfernung! Und ich muss schon froh sein, wenn ich in diesem Licht noch die wirklichen Leute sehen kann!« Als dann der Läufer völlig außer Atem ankommt, fragt ihn der König: »Wem bist du auf dem Weg begegnet?« »Niemand«, sagt der Läufer. »Ganz recht«, bemerkt der König, »die junge Dame hat ihn auch beobachtet«, fügt er hinzu und deutet dabei auf Alice. »Das heißt also, Niemand läuft langsamer als du.« Der Läufer sagt mürrisch: »Ich tue, was ich kann. Aber so viel weiß ich, dass niemand viel schneller läuft als ich.« Da sagt der König: »Das wohl kaum, sonst hätte er ja vor dir hier sein müssen.«[9]

Auch in Shakespeares *König Lear* spielt der Dialog zwischen Gloucester und Edmund mit dem Nichts. »Was für ein Blatt lasest du?«, fragt der Erstere. »Nichts, Mylord«, antwortet Edmund. »Nichts?«, fragt Gloucester. »Wozu dann die erschreckliche Eil' damit in deine Tasche? Ein eigentliches Nichts bedarf keiner solchen Hast, sich zu verstecken. Lass sehn! Wenn es nichts ist, brauche ich keine Brille.«[10]

Ist es nicht erstaunlich, dass zu der Zeit, als Fridugisus seine Epistel vortrug, am anderen Ende der Welt bei den Maya in der Region, die später einmal Mittelamerika heißen sollte, bei den Völkern in Indien, in China und in den Gebieten Südostasiens in literarischen oder mathematischen Texten bereits seit Langem ein Symbol für die Null (oder die Leere) auftauchte? Man stelle sich einmal vor: ein Symbol, um nichts zu bezeichnen! Dies scheint wahrlich paradox und unvorstellbar. Um sich das auszudenken, bedarf es tatsächlich einer unerhörten Abstraktionskraft. Natürlich konnte Fridugisus davon nichts wissen. Hingegen war ihm bekannt, dass Aristoteles in seiner *Physik* die Leere als einen »Ort, an dem nichts ist«, definiert und gleichzeitig behauptet hatte, sie existiere nicht, und dass er sich damit gegen die Vorstellung von Demokrit wandte, der die Leere als »Nicht-Sein«, als »Abwesenheit« bezeichnete.

Im westlichen Denken war die Auffassung von Aristoteles jahrhundertelang maßgeblich. Vielleicht ist das der Grund, warum die Null, jenes Symbol für das Nichts oder die Leere, in Gegenden auftauchte, die weitab vom Einfluss des aristotelischen Denkens lagen. Jedenfalls gleicht die Null einem Fluss im Karst, in der Mathematik der Antike verschwindet sie und kommt wieder zum Vorschein an verschiedenen Orten und in Form verschiedener Symbole mit unterschiedlichen Verwendungen und Bedeutungen. In einer Vielzahl »schicksalhafter Momente«, die mehr Fragen aufwarfen als Antworten lieferten.

Die Wissenschaftler sind sich inzwischen darin einig, dass das sogenannte »positionelle Prinzip«, noch bevor es in Indien auftauchte, bereits bei den babylonischen Astronomen, den Maya und auch im alten China in Gebrauch war. Was ist unter diesem Prinzip zu verstehen? Denken wir zum Beispiel an die sexagesimale Notation der Babylonier, die sich, wie im vorigen Kapitel beschrieben, nach der Abfolge der Potenzen 1, 60, $60^2 = 3600$ … entwickelte. Besteht eine Zahl aus Ziffern in unterschiedlicher Reihenfolge, so hängt, nach dem positionellen Prinzip, die Stellung (und damit der Wert) einer Ziffer von der Position innerhalb der Zahl ab. Ein Beispiel: Die Zifferngruppe 3, 4, 5 gibt im babylonischen System die Zahl $3 \times 60^2 + 4 \times 60 + 5$ an, während die Gruppe 5, 4, 3, in der dieselben Symbole, jedoch an unterschiedlichen Positionen stehen, die völlig andere Zahl ergeben, nämlich $5 \times 60^2 + 4 \times 60 + 3$. In unseren Augen war das System der alten Babylonier allerdings nicht frei von Mehrdeutigkeit. Nehmen wir zum Beispiel ein Tontäfelchen aus der persischen Stadt Susa (heute Shush), auf dem (in Keilschrift) die Zahl 10, 15 eingeprägt ist. Wie ist sie zu verstehen? Gibt sie die Zahl $10 \times 60 + 10 + 5 = 615$ an? Oder muss man sie als $10 + 10 + 5 = 25$ verstehen? Anders ausgedrückt: Wie lässt sich feststellen, ob man von einer sexagesimalen in die nachfolgende Ordnung geht oder nicht? Um Verwechslungen zu vermeiden, ließ der Schreiber bisweilen eine Leerstelle oder fügte ein besonderes Zeichen hinzu.

Das System hatte eine weitere, noch gravierendere Schwachstelle: das Fehlen eines Zeichens, das anzeigt, dass es innerhalb einer Zifferngruppe keine Einheitlichkeit einer gegebenen sexagesimalen Ordnung gab. Was war in einem solchen Fall zu tun? Andere Keilschrifttafeln aus Susa zeigen, dass der Schreiber eine Leerstelle ließ, um das Fehlen einer 60er-Potenz anzuzeigen. So hätte zum Beispiel die Zahl $3, 4 = 3 \times 60 + 4 = 184$ bedeutet, durch das Einfügen einer Leerstelle zwischen 3 und 4 stattdessen $3 \times 60^2 + 4 = 10\,804$. Nichts gegen eine Leerstelle, aber was soll man tun, wenn nicht nur eine oder zwei, sondern noch mehr Potenzen hintereinander fehlen? Außerdem ließ der Schreiber manchmal die Leerstelle weg, im Vertrauen darauf, dass der Kontext der Rechnung schon jedes Missverständnis ausschließen würde. Handelte es sich beispielsweise um eine Herde Vieh, war es schwer zu entscheiden, ob $3, 4 = 3 \times 60^2 + 4$ oder $3 \times 60^3 + 4$ anzeigte.

Abgesehen von den offenkundigen Zweideutigkeiten bedeutet eine Leerstelle noch keineswegs bereits ein Symbol zur Kennzeichnung der Leere oder des Nichts. Es dauerte noch Jahrhunderte, bis ein Symbol für die Null – wenn auch nur flüchtig – in Erscheinung trat.

Laut Otto Neugebauer, dem großen Erforscher der babylonischen Mathematik, verschwanden diese Nachteile, die ein solches Zahlensystem in seinen frühesten Phasen aufwies, im Lauf der Zeit: »In späterer Zeit, als astronomische Berechnungen angestellt wurden, kam ein besonderes Symbol zur Bezeichnung der Null in Gebrauch.« In einem schicksalhaften Augenblick hatte damals ein anonymer Schreiber den Einfall, sich ein besonderes Symbol auszudenken, das zwar zwischen den anderen Ziffern einer Zahl stand, obwohl, wie Neugebauer feststellt, nicht einmal in der Endphase der Entwicklung der babylonischen Schrift irgendein Zeichen für die Null am Ende der Zahlen zu finden sei.

Wann schlug – wenn überhaupt – jene schicksalhafte Stunde in der Ebene zwischen Euphrat und Tigris? Nach Neugebauers Meinung kann keine endgültige Antwort auf die Frage gegeben werden, wann das Nullzeichen in der babylonischen Mathematik eingeführt wurde. Es ist so gut wie sicher, dass es nicht vor 1500 v. Chr. existierte, aber »wir finden es ab 300 v. Chr. [im Mesopotamien der Seleukiden] regelmäßig verwendet«.[11] In jedem Fall handelt es sich um einen Platzhalter, ein Symbol mit dem Hinweis: »Achtung! Hier ist eine Leerstelle, in dieser Zahl gibt es keine Einheiten dieser Ordnung!« Auch Ptolemäus gebraucht im *Almagest* (ca. 130 n. Chr.) das sexagesimale Zahlensystem der Babylonier mit einem speziellen Symbol, einer Art O, das als Platzhalter für eine Leerstelle dient, sei es zwischen den Ziffern innerhalb einer Zahl oder an deren Ende. Allerdings ist das noch keineswegs der Augenblick, an dem die Null endgültig übernommen wird, denn es ist mitnichten die Null, die wir in unserem numerischen System kennen. Bis zu dem Moment, an dem die echte Null erscheint, dauert es noch Jahrhunderte.

Joseph Needham zufolge stammen die ersten Belege für ein positionelles Dezimalsystem aus dem China des 13. Jahrhunderts v. Chr.; sie befinden sich auf Orakelknochen der Shang-Periode, die eingeritzte Zahlen in Form von unterschiedlich angeordneten Rechenstäbchen aufweisen. Womit die Hypothese plausibel erscheint, dass die Chinesen jener Zeit die Ersten waren, die jede beliebige Zahl mit nicht mehr als 9 Zahlzeichen darstellen konnten und zweitausend Jahre lang eine Arithmetik auf der Basis des positionellen Dezimalsystems angewendet haben, noch bevor in Indien die Zahlen in der Form aufkamen, wie sie dann im Westen bekannt wurden. Doch auch die Chinesen haben offenbar die Stelle der Null leer gelassen. Kurzum, sie war kein Symbol, sondern eine Leerstelle.

Und so ging es weiter bis ins 8. Jahrhundert n. Chr., wie aus manchen Schriftrollen hervorgeht, die in den Tempelhöhlen von Dunhuang entdeckt wurden; in diesen Handschriften wurde zum Beispiel die Zahl 405 als IIII IIIII geschrieben, also mit vier senkrechten Stäbchen, denen, durch einen Abstand getrennt, fünf weitere folgten. Das wurde von Wissenschaftlern bestätigt, die im Jahr 2004 die arithmetischen Rechenoperationen gewissermaßen »greifbar« mit Rechenstäbchen nachvollzogen und zeigten, dass die Zahlenstäbchen als ein positionelles Dezimalsystem mit einer Leerstelle für die Null aufgefasst werden konnten. Doch die *Khai-Yuan Chan Ching* (*Abhandlung zur Astrologie der Regierungszeit von Kaiser Khai Yuan*), die zwischen 718 und 729 verfasst wurde, erklärt im Kapitel über die Zählmethoden der Inder, dass »wo immer in einer

Spalte eine Leerstelle [das heißt: eine Null] steht, ein Punkt gesetzt wird«. Demnach schlug vielleicht in Indien die Schicksalsstunde, die zur Einführung eines Symbols für die Null führte!

Frühe vedische Texte bieten Material für Spekulationen und Mutmaßungen über die Entwicklung von Konzepten, die alle unter dem Begriff *sūnya* zusammengefasst werden, der eine Vielzahl von Bedeutungen hatte (insbesondere stand er für die Kennzeichnung der Leerstelle), bevor er in mathematischen Texten zur Bezeichnung der Null übernommen wurde. Es gibt nur wenige Texte aus vedischer Zeit, die sich mit Mathematik beschäftigen, auch wenn ein Sanskrit-Text aus dem 3. Jahrhundert v. Chr. vermuten lässt, dass zu jener Zeit die Vorstellung von einem positionellen Zahlensystem längst weit verbreitet war. In Texten zur Sanskrit-Metrik aus dem 3. oder 2. Jahrhundert v. Chr. wie die *Chandraḥ-sūtra* von Piṅgala (*Regeln der Prosodie*) taucht zumindest ein Zeichen für die Null auf (wobei unklar ist, ob es Teil einer positionellen Notation ist).

Auch die angesehensten Wissenschaftler legen sich nicht darauf fest, wie und wann sich das indische positionelle Dezimalsystem herausgebildet hat, wie und wann ein Symbol für die Null eingeführt wurde. Möglicherweise erlangten die Inder durch buddhistische Pilger aus China Kenntnis vom chinesischen System der Zahlenstäbchen, oder sie entwickelten unabhängig ein positionelles Dezimalsystem auf der Basis vorheriger, nicht positioneller Systeme. Vielleicht orientierten sie sich aber auch an den Leerstellen zwischen den Ziffern der Zahlen in den griechisch-babylonischen astronomischen Texten.

Laut Needham scheint das gleichzeitige Auftauchen der Null, als Leerstelle oder als eigenes Symbol, auf Inschriften an der Grenze zwischen dem indischen und dem chinesischen Kulturraum schwerlich als reiner Zufall erklärbar zu sein. Denkbar ist aber auch, dass zur Erfindung eines Symbols für die *sūnya* das Konzept der »Leere« in der Tao-Mystik sowie in der indischen Philosophie beigetragen haben. Wer für die Sirenen der orientalischen Mystik weniger empfänglich ist, könnte es »eine perfekte und absolute Leere« (*a perfect and absolute blank*) nennen, vergleichbar jener, die auf der Seekarte abgebildet ist, die der Kapitän in Lewis Carrolls *Jagd nach dem Schnark* (1876) gekauft hatte, auf der kein Fleckchen Erde erscheint, zur Freude der Mannschaft, die auf diese Weise entdeckte, dass die Karte viel leichter zu lesen war.

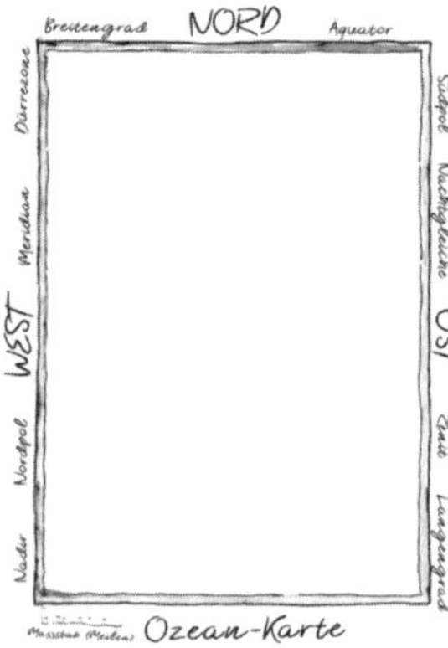

DIE NULL WIRD EINE ZAHL

Wo und zu welchem Zeitpunkt nimmt also die Null konkrete Gestalt an? Im 4. Jahrhundert n. Chr. enthalten heilige Texte gelegentlich Andeutungen auf das Dezimalsystem (so im *Vāyu-Purāna* und im *Agni-Purāna*).[12] Aus philosophischen Schriften des 4. Jahrhunderts n. Chr. erfahren wir zum Beispiel, dass »dasselbe Zeichen an den Stellen der Einser, an der Stelle der Zehner und an der Stelle der Hunderter genannt wird«, oder auch: »Obwohl das Zeichen dasselbe ist, so nimmt es doch mit einem Wechsel seiner Stellung die Werte eins, zehn, hundert, tausend an ...«

Und ein Kommentar des wahrscheinlich aus dem 5. Jahrhundert n. Chr. stammenden berühmten *Yoga-sūtra* von Patañjali verweist auf etwas Ähnliches: »Genau wie eine Linie an der Stelle der Hunderter 100 und an der Stelle der Zehner 10 und 1 an der Stelle der Einser bedeutet, so wird ein und dieselbe Frau [von unterschiedlichen Personen] Mutter, Tochter und Schwester genannt.« Kurzum, hier deutet sich ein positionelles Dezimalsystem an.

Ein jainistischer kosmologischer Text aus derselben Zeit belegt indes, dass der schicksalhafte Moment, an dem ein Symbol für die Null auftauchte, bereits eingetreten war, ein Symbol, das anfangs als Punkt (*bindu*) dargestellt wurde. »Die Sterne strahlten am Himmel verstreuten Null-Punkten gleich«, liest man im *Vāsavadattā*, einem Gedicht von Subandhu, der am Hof des Kaisers Kumaragupta I. lebte (reg. 415–455). Zur gleichen Zeit erhielt der Null-Punkt die Funktion eines echten und wirklichen Akteurs: Eine Null am Ende einer Ziffernreihe bedeutete deren Multiplizierung mal zehn. »Der Punkt auf ihrer Stirn verzehnfacht ihre Schönheit, gleich wie ein Leer-Punkt (*sūnya-bindu*) eine Zahl verzehnfacht«, besingt der Dichter Bihārīlāl seine Dame.

Sind wir also bei dem Augenblick angekommen, der seit Jahrhunderten erwartet wurde, seit der Zeit, da eine zwischen den Ziffern einer Zahl eingefügte Leerstelle in den astronomischen Texten der Seleukiden auftrat? Ja und nein. Die Null taucht in den indischen Texten auf und verschwindet wieder wie der Fluss im Karst. So übernahm zum Beispiel der große Mathematiker Āryabhaṭa in der *Āryabhaṭīya* (um 500 n. Chr.) ein positionelles System ohne die Null. Und vielleicht spielt der aus Nibisis (heute Nusay) stammende und in einem Kloster an den Gestaden des Euphrat lebende syrische Bischof Severus Sebokht genau darauf an. In einem Manuskriptfragment aus dem Jahr 662 spricht Sebokht nämlich von den ausgeklügelten astronomischen Entdeckungen der Inder, von ihren Zählmethoden und ihrer »über die Maßen hohen Kunst der Berechnung. Und all dies geschieht mit neun Zeichen.« Mithin ohne ein Schriftzeichen für die Null. Allerdings verwendeten die indischen Mathematiker zu der Zeit, als Sebokht seinen bewundernden Kommentar schrieb, nicht nur schon seit Langem ein besonderes Symbol für die Null, sondern sie hatten auch die Grundlagen der dezimalen Arithmetik geschaffen, die Bhāskara I. im Jahr 629 in seinem Kommentar zu Āryabhaṭas *Āryabhaṭīya* vorgelegt hatte.

Der schicksalhafte Augenblick, dazu bestimmt, die Geschichte der Menschheit für immer zu prägen, war demnach längst eingetreten! Die Null ist fortan kein Platzhalter mehr, sondern eine Zahl. Und damit haben wir das positionelle Dezimalsystem, das wir von klein auf anzuwenden gelernt haben. Wir haben gesehen, dass auch das Zahlensystem der Ägypter oder der Römer ein dezimales war. Worin liegt der Unterschied zu unserem positionellen Dezimalsystem? Das hat Pierre-Simon de Laplace mit großer Deutlichkeit in seinen Arithmetik-Vorlesungen erklärt, die er im Jahr 1795 an der École Normale Supérieure von Paris gehalten hat. Das numerische System, das wir von den indischen Mathematikern gelernt haben, beruht auf »der brillanten Methode, jedwede Zahl mithilfe von zehn Zeichen auszudrücken (jedes hat einen absoluten Wert und einen, der von seiner Stellung abhängt)«. Eine brillante, um nicht zu sagen geniale Methode! So hat zum Beispiel die Ziffer 3 in der Zahl 308 den absoluten Wert 3, und ihr positionsabhängiger Wert zeigt die Hunderter an, 3 bedeutet also 3 Hunderter, während dieselbe Ziffer 3 in der Zahl 803 ihren absoluten Wert 3 behält, aber die Stellung ändert, nämlich die der Einsen, also ist ihr Wert 3 Einsen. In beiden Fällen zeigt die Null an, dass es keine Zehner gibt. »Heutzutage«, sagt Laplace, »erscheint diese Idee so simpel, dass ihre Bedeutung und ihre Tragweite nicht mehr gewürdigt werden.« Wenn dies schon damals nicht der Fall war, erst recht also nicht in unseren Tagen! Dabei handelt es sich um eine Idee, die den Gang der Geschichte verändert hat.

Im Jahr 628 hatte Brahmagupta im *Brāhma-sphuṭa-siddhānta* (*Die wahre Lehre des Brahma*) die Eigenschaften der Null behandelt, die definiert ist als Ergebnis des Rechenvorgangs $a - a = 0$, wodurch bewiesen wird, dass $a \times 0 = 0$ und $0 \times 0 = 0$ ist. Bei der Betrachtung einer Zahl dividiert durch Null verfiel auch ein großer Mathematiker wie Brahmagupta dem Irrtum, diese Division habe noch einen bestimmten Wert (auch wenn er nicht sagen konnte, welchen), oder dass »Ziffer geteilt durch Ziffer Null [ist]«, wie die mittelalterlichen Übersetzer seiner Schrift sagen werden, in der die Null eine »Ziffer« genannt wird. Zweihundert Jahre nach Brahmaguptas *siddhānta* vertritt im Jahr 830 auch Mahāvīra im *Gaṇita-sāra-saṅgraha* (*Abriss des Wesens der Berechnung*) die Auffassung, dass eine Zahl sich nicht ändere, wenn sie durch Null geteilt wird.

»Im Verhältnis einer Ziffer zum Nenner gibt es keine Veränderung, egal wie viel hinzugefügt oder abgezogen wird, denn nichts kann den unendlichen und ewig gleichen Gott verändern«, wird fünfhundert Jahre nach Brahmagupta der berühmte Astronom Bhāskara II. in seinem Werk *Bīja-gaṇita* (*Mathematik der Samen*) schreiben, das der mittelalterliche Übersetzer entsprechend adaptierte, indem er den Gott Viṣṇu der Ungläubigen durch den Christengott ersetzte. Mit dieser göttlichen Metapher scheint Bhāskara ausdrücken zu wollen, dass ein Verhältnis mit einem Nenner 0 einen Wert von Unendlich hat. Andererseits scheint er jedoch in nachfolgenden Teilen seines Werks (irrtümlich) zu glauben, eine endliche Menge, die mit Null multipliziert und zugleich durch Null geteilt wird, sei immer noch eine endliche Menge, in moderner Schreibweise: $(a \times 0)/0 = a = (a/0) \times 0$.

Einige Jahrzehnte nach Abfassung des Textes von Mahāvīra kommt es zu dem schicksalhaften Augenblick, der den ersten materiellen Beweis erbringt, der uns vom Zeichen 0 überliefert ist, so wie es bis heute verwendet wird. Auf einer Steintafel, die im Tempel von Chatur Bhuja in Gwalior, einer Stadt im Staat Madhya Pradesh, etwa 400 Kilometer südlich von Neu-Delhi, entdeckt wurde, fand man eine Inschrift mit einem Datum, das dem Jahr 876 entspricht, wobei die Null zwischen den beiden Zahlen 270 und 50 steht. Die Inschrift auf Brahmi erwähnt eine 187 auf 270 *hastas* große Gartenanlage (ein *hasta* entspricht 0,457 Metern), auf der ausreichend Blumen wachsen, um pro Tag 50 Girlanden für den Tempel zu produzieren.

In einem früheren schicksalhaften Augenblick scheint jedoch auf einer Stele aus der Vor-Angkor-Periode der Null-Punkt greifbar geworden zu sein. Entdeckt wurde der Stein in den Zwanzigerjahren des vergangenen Jahrhunderts in Trapang Prei, der archäologischen Fundstätte von Sambor am Mekong in Kambodscha. Die Inschrift auf Alt-Khmer betrifft die Datierung eines Jahres der Śaka-Ära. Darin heißt es: »Die Śaka-Ära hat das Jahr 605 am fünften Tag des abnehmenden Mondes erreicht.« Die Null ist mit einem Punkt zwischen 6 und 5 dargestellt. Das Jahr 78 n. Chr. war der Beginn der Śaka-Ära, das auf der Stele genannte Datum war demnach das Jahr 683 n. Chr.

Bevor die Erkenntnisse der indischen Mathematiker zu den Übersetzern im mittelalterlichen Europa gelangten, verbreiteten sie sich entlang der Mittelmeerküsten im Gefolge der arabischen Heere. Vom Titel des Werks *Al-Kitāb al-mukhtaṣar fīḥ ḥisāb al-jabr wa'l-muqābala* (*Abhandlung über die Berechnung durch Ergänzung und Bilanzierung*) ist der Begriff Algebra abgeleitet, der Algorithmus stammt von dem latinisierten Namen seines Autors Muḥammad ibn Mūsā al-Khuwārizmī, einem aus Usbekistan stammenden Mathematiker, der zwischen 780 und 850 lebte. In diesem Traktat gibt es keine Formeln, die Null taucht nicht auf und auch nicht die neun indischen Zahlzeichen. Im Übrigen pflegten die Araber bis zum Ende des 8. Jahrhunderts – nach der von den Griechen übernommenen Tradition – die Zahlen mit Buchstaben zu bezeichnen. »Kreis, sprich: null«, so wird die Null in einem weiteren Werk al-Khuwārizmīs genannt, das wir nur in einer späteren Fassung des Kodex *Algoritmi de numeri Indorum* (*Algorithmen der indischen Zahlen*) kennen, einer Überarbeitung, die vom verloren gegangenen arabischen Original erheblich abweicht.

Die ursprüngliche indische Bezeichnung für die Null, *sūnya*, arabisch *sifr*, wird in der Übersetzung von Jordanus Nemorarius latinisiert durch Assonanz zu *zephirum*, daher *zephir* und schließlich *zero*, aber auch zu *Ziffer*. Johannes de Sacrobosco schreibt in seinem weit verbreiteten Werk *De arithmetica* (zwischen 1225 und 1230): »Das zehnte Zeichen [die Null] wird *theca* genannt, oder auch Zirkel oder Ziffer oder Nullzeichen, weil es nichts bedeutet, aber einen Platz einnimmt, der den anderen [Ziffern] Bedeutung verleiht.« Dies erinnert uns an die Worte von Fridugisus. Für das einfache Volk stand der Begriff *cifra*, Ziffer, für ein Geheimzeichen (woran noch heute das Wort »entziffern« erinnert), bei den Gelehrten war es das Synonym für die Null.

Als Sacroboscos *De arithmetica* erscheint, kennen die Meister des Abakus in den Läden der toskanischen Städte seit einigen Jahrzehnten einen bemerkenswerten Text, das *Liber abbaci* (1202) von Leonardo Pisano. »Wo ich dann aus bewunderungswürdiger Meisterschaft in die Kunst mit den neun Zahlzeichen der Inder eingeführt wurde, und so sehr gefiel mir die Wissenschaft dieser Kunst mehr als alle anderen und war ich um Einsicht in sie bemüht, dass ich, was immer von ihr mit ihren verschiedenen Arten in Ägypten, Syrien, Griechenland, Sizilien und Südfrankreich zu lernen ist, auf späteren Reisen zu diesen Handelsorten mit großem Aufwand an Studium und Disputationen mir aneignete«,[13] schreibt Leonardo und berichtet, wie er um das Jahr 1192 seinem im Auftrag der Republik Pisa auf Mission gesandten Vater in die Niederlassung von Bugia (heute Béjaïa, unweit von Algier) folgte und danach eine Studien- und Handelsreise entlang der Mittelmeerküsten bis nach Konstantinopel unternahm.

Der Erfolg seines *Liber abbaci* veranlasste ihn, im Jahr 1228 die neue Fassung zu erarbeiten, die uns überliefert ist. »Die neuen Zeichen der Inder sind diese:

9 8 7 6 5 4 3 2 1

demzufolge kann mit diesen neun Zeichen und mit dem Zeichen 0, das die Araber Zephir nennen, jede beliebige Zahl geschrieben werden«, lauten die einleitenden Worte des ersten Kapitels.

Im Lauf der Zeit verbreiten sich diese neun Zeichen zusammen mit der Null auf den Handels- und Pilgerstraßen Europas und bis über den Ärmelkanal. »Nun bist du eine Null ohne Ziffern«, sagt der Narr zu *König Lear*. »Ich bin jetzt mehr als du: ich bin ein Narr, du bist nichts.«[14] Eine Null, wie es Robert Recorde in *The Ground of Arts* gelehrt hatte, dem im England des 16. Jahrhunderts populärsten Buch über Arithmetik, das auch noch im 17. Jahrhundert vielfach nachgedruckt wurde und mit dem sich höchstwahrscheinlich auch der große Dichter befasst hatte. »Es gibt nur zehn Ziffern (*figures*), die in der Arithmetik gebraucht werden, und unter diesen zehn gibt es einen Punkt, der nichts bedeutet, er sieht aus wie ein O und wird, wenn er allein steht (*privately*), Null (*cipher*) genannt, wenngleich auch alle anderen manchmal ebenso genannt werden können«, also Ziffern, wobei de facto die Zweideutigkeit des Begriffs beibehalten wird, der manchmal Null, manchmal eine beliebige Ziffer bedeuten kann. So auch bei Shakespeare.

Im *Wintermärchen* versteht Polixenes die Null als einen Operator: »… drum, wie eine Null (*cipher*), doch beigesellt zu reicher Zahl, multiplizier ich durch ein ›Danke‹ viele tausend weitre, die vor ihm stehn.«[15] Im Chor des Prologs zu *Heinrich V.* wird dagegen die Null als Zahl begriffen, »… weil ja in engem Raum ein krummer Zug für Millionen zeugt; und lasst uns Nullen (*ciphers*) dieser großen Summe, auf eure einbildsamen Kräfte wirken«.[16]

0 UND 1 ERZEUGEN ALLE ZAHLEN

Wolfenbüttel, 18. Mai 1696. Im Lauf des Tages begeistert Gottfried Wilhelm Leibniz, Leiter der Bibliothek und Berater von Rudolf August, Herzog von Braunschweig-Wolfenbüttel, seinen Herrn mit einer langen theologischen und mathematischen Argumentation. In einer Notiz sinniert Leibniz später darüber nach, dass »jedes Ding seinen Ursprung in Gott, andernfalls im Nichts hat« – dies ist das Thema des Gesprächs mit dem Herzog –, und über das, was der Herr zu Martha im Lukasevangelium (10,42) sagt: »Eins aber ist nötig«, *Unum necessarium*, eine Devise, die der große Theologe und Pädagoge Johann Amos Comenius entlehnt und zum Titel eines seiner Werke gewählt hat, einer Art Testament, verfasst im Jahr 1668, zwei Jahre vor seinem Tod.

Leibniz erklärt dem Herzog ein Zahlensystem auf der Grundlage allein der zwei Symbole 0 und 1, das er mit den vier arithmetischen Rechenarten veranschaulicht. In jenem Augenblick nimmt ein

Gedanke endgültig Gestalt an, der im Frühjahr 1679 zum ersten Mal bei Leibniz auftauchte, als er im Fragment *De organo sive arte magna cogitandi* geschrieben hatte: »Es kann sein, dass nur einzigartig ist, was man für sich selbst wahrnimmt, nämlich Gott selbst, über das Nichts hinaus, das heißt das Nichtvorhandensein.« Hierin sieht Leibniz eine »wundersame Ähnlichkeit«. Anstatt wie üblich mit dem Dezimalsystem zu rechnen, könnte man es durch ein binäres System ersetzen, »in der Weise, dass wir bei Erreichen der Zahl zwei wieder bei der Eins beginnen«. Die ersten zehn Zahlen werden dann beispielsweise so geschrieben:

0	1	2	3	4	5	6	7	8	9	10
0	1	10	11	100	101	110	111	1000	1001	1010

Wie kam man dazu? Eine einfache Regel, die Leibniz nicht ausspricht, aber impliziert, ist die folgende: Um von der Darstellung im Dezimalsystem zur binären zu wechseln, wird die gegebene Zahl durch 2 geteilt und die Division der Quotienten durch 2 weitergeführt bis zum Quotienten 0. Die Reste der Divisionen ergeben, in umgekehrter Reihenfolge geschrieben, die Zahl in binärer Darstellung. Nehmen wir einmal an, wir wollten 18 in binärer Darstellung schreiben. Wir haben 18 : 2 = 9 Rest 0; 9 : 2 = 4 Rest 1; 4 : 2 = 2 Rest 0; 2 : 2 = 1 Rest 0; 1 : 2 = 0 Rest 1, also $18_{10} = (10010)_2$ Die Zahl im Index bezeichnet dabei das Zahlensystem. Klar, oder? Will man umgekehrt von der binären in die dezimale Darstellung wechseln, beginnt man rechts und multipliziert die Ziffer an der Stelle n im binären System mit 2^n (beginnend bei $n = 0$) und zählt die Ergebnisse der Multiplikationen zusammen. Ein Beispiel:

$$1101_2 = 1 \times 2^0 + 0 \times 2^1 + 1 \times 2^2 + 1 \times 2^3 = 1 + 0 + 4 + 8 = 13_{10}$$

Vielleicht bezweifeln Sie, ob das alles so stimmt, aber wir werden sehen, dass Leibniz zu Recht feststellte, dass es nicht nötig war, die ungeheuren Vorteile hervorzuheben, die sich aus dieser Darstellung ergeben. Nach seinen Worten »wird es genügen, zu sehen, dass mit dieser großartigen Methode in dieser Weise alle Zahlen *per Unitatem et Nihilum* [durch die Eins und das Nichts] ausgedrückt werden können«. Auch wenn es für die Menschen keinerlei Hoffnung gibt, jemals »zu dieser geheimnisvollen Abfolge der Dinge« zu gelangen, mit deren Hilfe zu klären wäre, »in welcher Weise alle Dinge ihren Ursprung in dem reinen Seienden und dem Nichts haben«, gibt sich Leibniz damit zufrieden, »die Untersuchung der Begriffe durchzuführen, bis wohin es die Beweise der Wahrheit erfordern«, auch wenn es »nicht in unserer Macht liegt, vollständig a priori die Möglichkeit der Dinge zu beweisen, sie bis auf Gott und das Nichts aufzulösen«.[17]

Leibniz kommt am 2. Januar 1697 noch einmal auf das Thema des Gesprächs mit dem Herzog zurück. Seinem Glückwunschbrief an den Herzog zu Neujahr legt er die Zeichnung einer Gedenkmünze oder eines Medaillons bei. Es ist eine mäßig gelungene Skizze, doch Leibniz meint, die Sache verdiene auch von der Nachwelt gesehen zu werden, wenn sie auf Geheiß Seiner Hoheit in Silber geprägt würde.

Leibniz zufolge ist der Gedanke einer binären Arithmetik tief in der christlichen Religion verwurzelt. Ein heidnischer Philosoph wie Melissus von Samos, ein Schüler von Parmenides, hatte wiederholt, dass nichts aus nichts entstehe. Ebenso Shakespeare, der König Lear an Cordelia gewandt sagen lässt: »Aus nichts kann nichts entstehen.« Und als ihn der Narr fragt: »Kannst du von nichts keinen Gebrauch machen, Gevatter?«, antwortet Lear: »Ei nein, mein Söhnchen, aus nichts wird nichts.«[18] Doch nach Augustinus und Thomas von Aquin stellt Leibniz fest, die Schöpfung aller Dinge aus dem Nichts gehe von der Allmacht Gottes aus. Und dies wurde »einer der Grundpfeiler des christlichen Glaubens, und zwar einer von denen, die den Philosophen kaum in den Sinn kamen und den Heiden noch schwerer begreiflich zu machen sind«. Und er ist überzeugt, dass es »keine bessere Analogie wenn nicht Darlegung gibt für eine solche Schöpfung des Ursprungs der Zahlen als jene, welche nur die Eins und die Null verwendet, nämlich das Nichts. Es wäre schwierig, ein besseres Bild für dieses Geheimnis in der Natur oder der Philosophie zu finden.« Und deshalb, schreibt Leibniz abschließend, »habe ich dieses Motiv für das Medaillon gewählt: IMAGO CREATIONIS«.[19] Statt eines Medaillons ließ der Herzog ein Siegel anfertigen mit dem eingravierten Motto *unus ex nihilo omnia fecit* und dem stilisierten Symbol für die 0 und die 1.

Seine Erfindung hat Leibniz nicht nur dem Herzog mitgeteilt, sondern auch dem in Rom und heute in China bekannten Jesuitenpater Grimaldi. Mit dem ihm eigenen Optimismus – der von Voltaire in *Candide* verhöhnt wird – hoffte er mit diesem Bild des Geheimnisses der Schöpfung den chinesischen Kaiser, der die Kunst der Arithmetik schätzte, zu bekehren und ihn von der Überlegenheit des christlichen Glaubens zu überzeugen.

Trotz des Vorteils, die Multiplikationen auf einfache Additionen und die Divisionen auf einfache Subtraktionen zu reduzieren, hat die binäre Arithmetik doch den Nachteil, dass sie viele Zeichen erfordert, um eher einfache Zahlen auszudrücken: Die Zahl 1024 benötigt in binärer Darstellung elf Zeichen. Es geht also nicht darum, sie in die alltägliche Rechenpraxis einzuführen. Dafür aber ist diese neue Arithmetik »grundlegender für die Wissenschaft und führt zu neuen Entdeckungen«, schreibt Leibniz prophetisch und nimmt vorweg, was Jahrhunderte später die binäre Logik von Boole feststellen sollte – in der »richtig« und »falsch« beziehungsweise 1 und 0 notiert wird – und dann vor allem mit den modernen Computern, die auf der Basis seiner binären Notation arbeiten, Realität wird.

Der Brief an den Herzog wurde 1720 postum der Öffentlichkeit zugänglich gemacht in einer Broschüre, die auch die *Monadologie* enthielt, viele Jahre nachdem Leibniz die Erläuterung seiner binären Arithmetik im Artikel *Explication de l'arithmétique binaire* vorgelegt hatte, der im Jahr 1703 in den *Mémoires de mathématique et de physique de l'Académie royale des sciences* von Paris veröffentlicht wurde. »Das Überraschendste«, schrieb damals Leibniz, war die Tatsache, dass die binäre Arithmetik »das Geheimnis der Linien eines frühen Königs und Philosophen namens Fohy enthielt, der vermutlich vor mehr als viertausend Jahren gelebt hatte und den die Chinesen als Gründer ihres Reiches und ihrer Wissenschaften betrachten.« Der Fohy, auf den sich Leibniz hier bezog, war Fu-Xi, der sagenhafte Begründer der chinesischen Kultur, die Bestandteil der Hexagramme des *I Ging* ist, eines antiken chinesischen Weissagungstexts, der noch heute die Anhänger esoterischer Weisheit fasziniert. (Die erste Gesamtausgabe im Westen erschien im Jahr 1924 mit einer Einführung von Carl Gustav Jung!) Leibniz zufolge war die Figur der »Acht Trigramme« auf die binäre Arithmetik zurückzuführen. Diese acht Orakelzeichen »gelten als grundlegend«, mit dem erklärenden Zusatz, dass eine durchgehende Linie ________ die Einheit 1 und eine gestrichelte Linie _ _ _ 0 bedeutet.

»Die Chinesen haben die Bedeutung dieser Linien vielleicht

schon vor tausend Jahren vergessen, und es war notwendig, dass die wahre Erklärung jetzt von den Europäern kommt«, schreibt Leibniz stolz und berichtet dann, dass er sein System der binären Darstellung dem Pater Bouvet, einem französischen Jesuiten, der in Peking lebte, mitgeteilt habe, der darin sogleich den Schlüssel zur Lösung des Rätsels der Figuren des *I Ging* erkannte (was sich allerdings als falsch herausstellte, basierte es doch unter anderem auf Bouvets falscher Anordnung der Hexagramme des *I Ging*).

Unus ex nihilo stand als Motto auf dem Siegel von Herzog Rudolf August. In seiner Schrift *Principes de la Nature et de la Grâce fondés en raison* (1714) dreht Leibniz den Spieß um und beruft sich auf das Prinzip des zureichenden Grundes, wobei er sich die Frage stellt, »warum es vielmehr etwas als nichts gibt. Denn das Nichts ist einfacher und weniger schwierig als Etwas.«[20] Eine extreme Frage, die Heidegger in *Was ist Metaphysik?* (1929) so wiedergab: »Warum ist überhaupt Seiendes und nicht vielmehr Nichts?«[21] und die der amerikanische Philosoph Robert Nozick in seinen *Philosophical Explanations* (1981) erneut vorbrachte.

Der Leibniz'sche Gedanke, in der binären Arithmetik das Abbild der Schöpfung zu sehen, wird 1795 von Laplace in seinen Vorlesungen an der École Normale Supérieure lächerlich gemacht: »Betrachtet man die Irrtümer (*écarts*) eines so berühmten Mannes, die den Eindrücken aus der Kindheit geschuldet sind, wird einem klar, wie nützlich ein vorurteilsfreies Erziehungssystem für den Fortschritt der menschlichen Vernunft ist.« Und in seinem *Essai philosophique sur les probabilités* (Paris 1814, dt. 1819) wiederholt er, dass »Leibniz glaubte, das Bild der Schöpfung in seiner zweiziffrigen [binären] Arithmetik zu sehen. […] Er glaubte, die Einheit könnte Gott, die Null das Nichts darstellen.« Ein Beispiel, das zeige, »wie weit selbst die größten Männer sich durch Vorurteile der Kindheit haben irre leiten lassen«.[22]

Ausgehend von 0 und 1, sagte Leibniz, lassen sich alle Zahlen erzeugen. Ganz ohne theologische Implikation erhielt dieser Gedanke in der modernen Theorie der Mengenlehre auf der Basis der leeren Menge neue Aktualität. Das Symbol Ø zur Bezeichnung dieser Menge taucht am Vorabend des Zweiten Weltkriegs auf in einem Dossier mit Ergebnissen, die von einer Gruppe junger, vorwiegend französischer Mathematiker erarbeitet wurden, die unter dem kollektiven Pseudonym Nicolas Bourbaki firmierten. »Bestimmte Eigenschaften« einer Menge *E*, heißt es im ersten Teil ihrer *Elemente der Mathematik*, »gelten für *kein* Element von *E*«, folglich »heißt der Teil, den diese Eigenschaften definieren, der *leere Teil* von *E* und wird mit der Mengennotierung Ø bezeichnet.«[23]

Die Einführung dieses Symbols wurde André Weil, einem jener jungen Mathematiker, zugeschrieben, der ein halbes Jahrhundert später in seiner Autobiografie *Lehr- und Wanderjahre eines Mathematikers* (1993) die eigene Rolle bei der Wahl des Symbols Ø für die Leermenge verriet: Es stammte aus dem norwegischen Alphabet, und war ihm bekannt, da er einige Zeit in Norwegen verbracht hatte, wo er sich bei Kriegsausbruch aufhielt.[24]

Ausgehend von 0, definiert als Menge ohne Elemente, $0 = \emptyset$, kann die Reihe der natürlichen Zahlen rekursiv generiert werden, indem auf den Begriff des Nachfolgers zurückgegriffen wird: Für jede Menge x wird als Nachfolger von x die Menge $x \cup \{x\}$, definiert, also die Menge, die man erhält, wenn man x den Elementen von x hinzufügt. Daraus folgt

$$0 = \emptyset$$
$$1 = \{\emptyset\}$$
$$2 = \{\emptyset, 1\}$$
$$3 = \{\emptyset, 1, 2\}, \text{etc.}$$

Um daraus zu schließen, dass die Konstruktion *ad infinitum* in ein und derselben Menge verlängert werden kann, bedarf es eines geeigneten Axioms (des Infiniten), das die Existenz einer Menge sicherstellt, die 0 sowie den Nachfolger jedes ihrer Elemente enthält. Ein auf der Leere erstelltes Zahlengebäude, das, in Mengenbegriffen ausgedrückt, ein Modell der axiomatischen und abstrakten Definition der natürlichen Zahlen bietet, das, wie wir gesehen haben, von Peano vorgelegt wurde und noch heute in der Mathematik allgemein Anwendung findet.

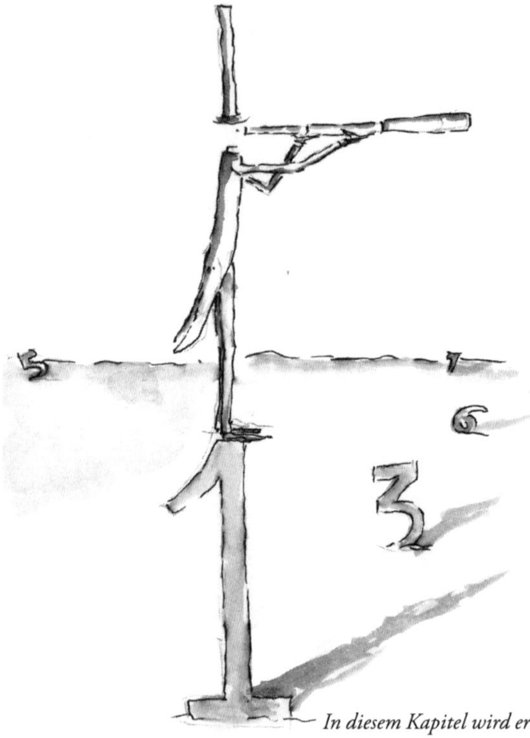

In diesem Kapitel wird erzählt, wie der weise Thales die Höhe der Pyramide vermaß und wann das Unendliche in die Mathematik eindrang mit der Entdeckung, dass das Verhältnis von geometrischen Größen wie die Diagonale und die Seiten eines Quadrats oder eines regelmäßigen Fünfecks nicht in ganzen Zahlen ausgedrückt werden kann. Wir erfahren auch, wie dieses Verhältnis in der Abfolge der Zahlen wieder auftaucht, die aus einem Problem mit Kaninchen entstanden, und durch Leonardos Hand göttlich wird.

Die Entdeckung der irrationalen Zahlen

DIE HERAUSFORDERUNG DES PHARAOS

»Zur Stunde, da der Schatten eines Menschen gleich groß ist wie er selbst, ist auch der Schatten einer Pyramide gleich groß wie diese selbst.« Dies scheint die Antwort des Thales von Milet, eines der sieben Weisen der Antike, auf die Frage des Pharaos Amasis gewesen zu sein, der von ihm wissen wollte, wie man die Höhe einer Pyramide messen könne. So heißt es zumindest in einer Legende. Im *Gastmahl der sieben Weisen* erzählt Plutarch, Thales sei auf seiner Ägyptenreise nilaufwärts von der imposanten Cheopspyramide so beeindruckt gewesen, dass er in Gizeh einen Aufenthalt einlegte, wo ihm der Pharao, der vom Ruhm des Gelehrten gehört hatte, diese Aufgabe stellte. Da steckte Thales in der Nähe der Pyramide einen Stock senkrecht in die Erde und wartete, bis der Schatten so lang wie der Stock war: »Miss den Schatten der Pyramide und du kennst seine Höhe«, sprach Tales zum Pharao.

Vielleicht hat es sich nicht genau so abgespielt, denn der Ahmes-Papyrus verrät, dass man gar nicht auf Thales warten musste. In Ägypten kannte man sehr wohl die Antwort auf die Frage des Pharaos, und die Höhe einer Pyramide konnte man schon seit einem Jahrtausend messen, bevor der Weise aus Milet, der im 7. und 6. Jahrhundert v. Chr. lebte, seine Anleitung beisteuerte. Wie dem auch sei, der Einfall ist ebenso einfach wie genial und beruht auf einem Satz, der bis heute an der Schule gelehrt wird und verbunden ist mit dem Namen Thales.

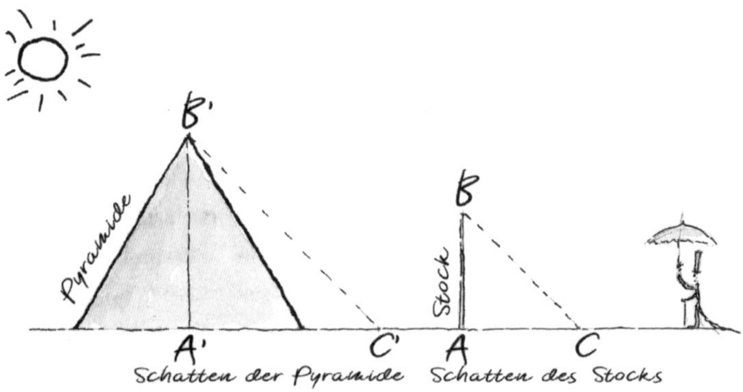

Diesem Satz zufolge haben ähnliche Dreiecke, das heißt mit zwei gegenüberliegenden gleich großen Winkeln, proportional entsprechende Seiten. Im vorliegenden Fall handelt es sich um gleichschenklig-rechtwinklige Dreiecke, das heißt mit zwei gleichen Seiten. Die Länge des Stocks und die seines Schattens lassen sich leicht messen, ebenso lässt sich der Schatten der Pyramide messen und so ihre gesuchte Höhe bestimmen. Die Pyramide ist so hoch wie ihr Schatten. Somit ist erklärt, warum die Idee funktioniert.

Dem Gelehrten aus Milet wird auch noch die Entdeckung von Theoremen zugeschrieben, die den Kreis betreffen. Zum Beispiel der mathematische Satz, dem zufolge der Kreis von seinem Durchmesser halbiert wird. Um das festzustellen, muss man natürlich kein großer Gelehrter sein. Dazu genügt es, eine Zeichnung anzufertigen. Und es stimmt auch, dass dies den Babyloniern, den Ägyptern und den Chinesen schon lange vor Thales bekannt war. Allerdings ist er der Erste, der es zu einem Theorem erklärte, ein vom griechischen *theoreo*, beobachten, abgeleitetes Wort. Doch ist dies eine besondere Art und Weise des Beobachtens, die vom Auge des Verstands geleitet wird, wie Platon sagen würde. Das bedeutet, diese Eigenschaft des Kreisdurchmessers gilt für jeden Kreis, nicht nur für den, den man mit einem Zirkel gezogen und mit dem Lineal überprüft hat.

In jenem schicksalhaften Augenblick, als er dieses Theorem benannte, veränderte Thales das Wesen der Gegenstände, mit denen sich die Geometrie befasst, für immer. Vorbei sind die von mesopotamischen Schreibern auf Tontäfelchen geritzten Zeichen, vorbei die von den *arpedonaptai* auf dem Boden gezeichneten Linien, die »Schnurspanner«, wie Herodot die ägyptischen Geometer nennt, die nach den Nilschwemmen, die die Felder mit Schlamm überfluteten, die Grenzen der Grundstücke wiederherstellten. Diese Figuren sind nur Annäherungen, unvollkommene Schatten der abstrakten Figuren, die der Mathematiker untersucht und deren Eigenschaften er darlegt. Wie zum Beispiel die folgende, deutlich weniger intuitiv erfassbare: Ist ein Dreieck *ABC* mit seinen Ecken in einem Kreis in der Weise einbeschrieben, dass eine Seite auf dem Kreisdurchmesser verläuft, ist das Dreieck rechtwinklig. Wie Dante im 13. Gesang des *Paradieses* sagt: »Ob in einem halben Kreis ein Dreieck, das keinen rechten Winkel hätte, passe.«[1] Auch dieses Theorem wird Thales zugeschrieben. Diogenes Laertius zufolge war er darauf so stolz, dass er für diese Entdeckung einen Ochsen opferte.

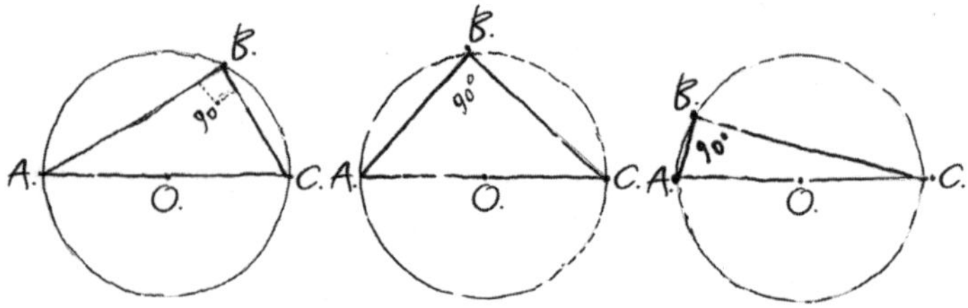

Von diesem Augenblick an genügt es nicht mehr, eine geometrische Entdeckung zu benennen, als wäre sie eine Anleitung: Zeichne einen Kreis, lege darauf drei Punkte so fest, dass eine Seite des Dreiecks durch den Kreismittelpunkt geht, überprüfe dann mit konkreten Beispielen, ob dabei immer ein rechtwinkliges Dreieck herauskommt. Im Grunde klingen die von den babylonischen und ägyptischen Schreibern auf Täfelchen oder Papyri hinterlassenen Texte ganz ähnlich. Seit Thales bedarf es der Vorlage eines Beweises, das heißt einer logischen Begründung, um den Schluss ziehen zu können, dass jene Bestimmung nicht nur auf den einzelnen gezeichneten Kreis zutrifft, sondern auf jeglichen Kreis, in dem ein Dreieck in dieser Art einbeschrieben wird. Kurz: Das gilt für Kreise und abstrakte Dreiecke, »ideale Figuren«, wird Platon später sagen. Und die Beweisführung wird nun zum speziellen Charakteristikum der mathematischen Argumentation, zur »Seele unserer Wissenschaft«, wie die große Philosophin und Mystikerin Simone Weil es ausdrücken wird.

Über diese Fragen der Geometrie diskutierte sie in dem Briefwechsel, den sie in den ersten Monaten des Jahres 1940 mit ihrem Bruder André führte, der zu der Zeit in Rouen im Gefängnis saß. Frankreich befand sich im Krieg, und der junge Mathematiker wartete auf seinen Prozess unter der Anklage, sich der Einberufung entzogen zu haben. Man mag einwenden, es sei doch reichlich exzentrisch, in einer solchen Lage derartige Probleme zu wälzen. Schon möglich, aber die beiden Geschwister sind außergewöhnliche Persönlichkeiten: sie, bestens geschult in klassischer Bildung, Freiwillige im Spanischen Bürgerkrieg, rastlose verfolgte Deuterin ihrer Zeit, er, dazu bestimmt, einer der bedeutendsten Mathematiker des Jahrhunderts zu werden, der im Gefängnis abwechselnd die Fahnen seiner wissenschaftlichen Artikel korrigierte und das *Bhagavadgīta* auf Sanskrit las. Außergewöhnlich ist auch die *drôle de guerre*, wie die Franzosen die Zeit nennen, die sie noch ein paar Monate lang erlebten, bevor mit dem Einmarsch der deutschen Truppen im Mai jäh alles anders wurde. Beim Nachdenken über die Legende von Thales und dem Pharao bemerkte Simone, dass der Einfall, mit dem der Weise aus Milet die Höhe der Pyramide messen konnte, auf dem Verhältnis zu einer unbekannten Größe beruhte, nämlich der Höhe. Ausgehend von dieser Beobachtung geht sie noch einen Schritt weiter und stellt Vermutungen über die Entdeckung der grundlegenden Eigenschaft des rechtwinkligen Dreiecks an, die in dem Theorem dargestellt ist, das als Satz des Pythagoras bezeichnet wird. Mit diesem Schritt nähern wir uns dem nächsten schicksalhaften Augenblick, nämlich der Entdeckung von Verhältnissen, die nicht mittels natürlicher Zahlen ausgedrückt werden können.

WER HAT DEN SATZ DES PYTHAGORAS ENTDECKT?

Das klingt nach einer rhetorischen Frage. Wer anders als Pythagoras könnte das Theorem entdeckt haben, das seinen Namen trägt und seit eh und je das berühmteste Theorem der Mathematik ist? Tatsächlich sind über Leben und Werk des Pythagoras viele Geschichten überliefert, deren Wahrheitsgehalt zumindest zweifelhaft ist. Gesichert scheint, dass er im 6. Jahrhundert v. Chr. auf Samos geboren wurde. Iamblichos erzählt, Pythagoras habe auf Anregung von Thales viele Reisen in den Vorderen Orient unternommen, seine wissenschaftliche Ausbildung in Ägypten vervollständigt und im Alter von etwa vierzig Jahren die Insel Samos verlassen, um sich an der Küste Kalabriens niederzulassen und in Kroton (heute Crotone) eine Art mathematisch-religiöse Gemeinschaft zu gründen. Andere behaupten, er habe die Mathematik in erster Linie von den Ägyptern erlernt, die seit Urzeiten Geometrie betrieben, dann von den Phöniziern, Kennern der Arithmetik und der Rechenkunst, und schließlich von den Chaldäern, Experten der astronomischen Beobachtung. Einigkeit herrscht in den Quellen darüber, dass er die letzte Zeit seines Lebens in der Magna Graecia verbrachte, den griechischen Kolonien in Süditalien, wo pythagoreische Gemeinschaften zunächst in Kroton und später in Metapont entstanden.

Doch bereits in der Antike rankten sich um die Person Pythagoras allerlei Anekdoten und Legenden. Zum Beispiel erzählt Xenophanes, um sich über die Leute, die an die Seelenwanderung glauben, lustig zu machen, Folgendes: Pythagoras habe zu jemandem, der einen Hund misshandelte, gesagt, er solle damit aufhören, denn »das Tier ist die Seele eines Freundes von mir, ich habe ihn an der Stimme erkannt«. Gleichwohl stellt der Gedanke des Wandels ein zentrales Element der pythagoreischen Lehre dar, wie sie uns überliefert ist. Im gesamten Universum geht nichts verloren, sondern alles befindet sich in ständigem Wandel, wie Ovid Pythagoras in den *Metamorphosen* sagen lässt. Der Mensch verändert sich in den verschiedenen Stadien seines Lebens, und nach dem Tod wandert seine Seele in den Körper eines anderen, eine Theorie, die Platon sich zu eigen macht, indem er sie Sokrates im *Menon* vortragen lässt.

Manche behaupten, Pythagoras sei ein Schamane, ein Magier oder ein Heiler gewesen. Andere halten ihn für einen Sozialreformer, einen politischen Anführer oder einen Guru an der Spitze einer religiösen Sekte. Heraklit scheut sich nicht, ihn als Oberhaupt der Betrüger zu bezeichnen, für den die Weisheit nichts anderes sei als große Gelehrsamkeit und die »kunstreiche Schläue«, sich das Wissen anderer zuzuschreiben und nur die eigenen Lehren als maßgeblich gelten zu lassen. Für Diogenes Laertius war er der Erste, der sich als Philosoph und Anhänger des Heliozentrismus verstand. Proklos hingegen sah in ihm einen Mathematiker, der wie Thales und gründlicher als dieser die ersten Grundsätze der Geometrie erforscht und die Theoreme aus abstrakter und rationaler Sicht untersucht hatte.

Auch die Vermutung, die Simone Weil dem Urteil ihres Bruders unterbreitet, steht im Einklang mit den Forschungen von Pythagoras. Die Entdeckung des berühmten Satzes hat, laut Simone Weil, ihren Ursprung in der Suche nach einem proportionalen Mittelwert *c* zwischen zwei Mengen *a* und *b*, das heißt eine Größe *c*, die das Verhältnis $a : c = c : b$ als das Verhältnis ausweist, das, wie Platon sagte, die vollkommenste Beziehung zwischen drei Zahlen oder Größen ist.

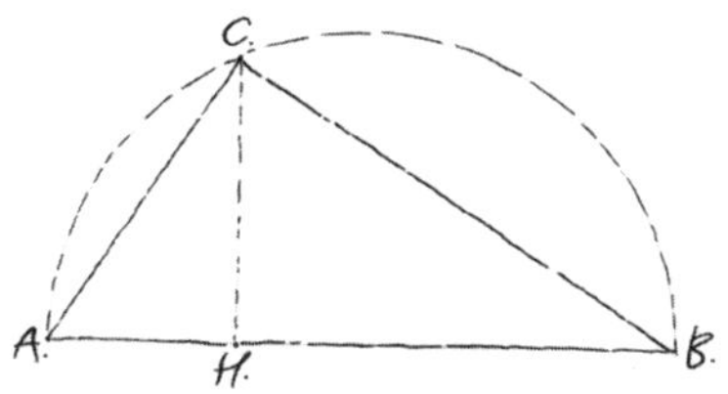

Wenn die Strecken $a = AH$ und $b = HB$ auf derselben Linie angeordnet sind, dann ergibt $c = CH$ die Höhe eines Dreiecks, das, wie Thales festgestellt hatte, rechtwinklig ist. Mit anderen Worten, sagt

Simone Weil, besteht die wesentliche Eigenschaft eines rechtwinkligen Dreiecks *ABC* darin, dass es auf zwei aneinandergestellte Dreiecke *AHC* und *CHB* zurückzuführen ist, die diesem und untereinander ähnlich sind. Diese Behauptung gründet darauf, dass aus der Ähnlichkeit dieser Dreiecke die beiden Verhältnisgleichungen folgen:

$$AH : AC = AC : AB \text{ und } HB : CB = CB : AB,$$

woraus man den Satz des Pythagoras erhält:

$$AC^2 + CB^2 = (AH + HB) \times AB = AB^2.$$

»Natürlich«, fügt die Philosophin hinzu, »verstehe ich das als Entdeckungsvorgang und nicht als Beweisführung.« Man könnte also sagen, dass Simone Weil auf der Suche nach dem schicksalhaften Moment ist, an dem Pythagoras das Theorem entdeckt hat, das seinen Namen trägt. »Besonders gefällt mir daran«, äußert André seiner Schwester gegenüber, dass ihre Rekonstruktion »jegliche Hypothese einer eigenen Beweisführung ausschließt«.[2]

Doch kehren wir zur Ausgangsfrage zurück. War Pythagoras tatsächlich der Entdecker dieses Theorems? Das erscheint höchst unwahrscheinlich, wenn man weiß, dass ein Tontäfelchen aus dem Jahr 1775 v. Chr., in der Nähe der heutigen Stadt Bagdad gefunden, verrät, dass dieses Theorem schon den Babyloniern bekannt war. Noch aufschlussreicher ist ein weiteres babylonisches Täfelchen, das *Plimpton 322*, das auf etwa das Jahr 1800 v. Chr. datiert wird und seinen Namen dem New Yorker Verleger George A. Plimpton verdankt, der es im Jahr 1922 von einem Antiquitätenhändler gekauft hatte. Dieses Objekt wird in der nach Plimpton benannten Sammlung der Columbia University in New York aufbewahrt und zeigt vier Reihen mit jeweils fünfzehn Zahlen, aus denen sogenannte pythagoreische Tripel gebildet werden können, also jeweils drei Zahlen *a, b, c* und solche wie $a^2 + b^2 = c^2$.

Wie werden pythagoreische Tripel konstruiert? Nimmt man zwei teilerfremde Zahlen *m* und *n*, das heißt, ihr größter gemeinsamer Teiler ist 1, dann ist das Tripel *a, b, c* gegeben als

$$a = m^2 - n^2;\ b = 2mn;\ c = m^2 + n^2,$$

ein primitives pythagoreisches Tripel (das heißt, *a, b, c* haben keine gemeinsamen Teiler, und es ergibt sich sofort, dass es den Satz des Pythagoras erfüllt). Ist umgekehrt ein primitives pythagoreisches Tripel *a, b, c* gegeben – z. B. a = 3, b = 4, c = 5 –, können immer zwei Zahlen *m* und *n* gefunden werden, die den oben beschriebenen Bedingungen genügen. Proclos schreibt Pythagoras die Erstellung der Regel zu, Platon hält ihn auch für den Urheber einer weiteren, von der einige Quellen behaupten, sie stamme vom Pythagoras-Schüler Archytas von Tarent. Wie dem auch sei – auch wenn sie nicht über die moderne algebraische Darstellung verfügten, so erscheint doch plausibel, dass die Pythagoreer, und vor ihnen die Babylonier, die Formeln besaßen, mit denen Zahlentripel zu bekommen waren.

Die alten Babylonier waren demnach mit dem pythagoreischen Theorem Jahrhunderte vor Pythagoras vertraut. Aber dass die Dreiecke mit den Seitenlängen 3, 4, 5 rechtwinklig sind, muss in vielen antiken Kulturen und Regionen weitgehend bekannt gewesen sein. Es ist also denkbar, dass die ägyptischen *arpedonaptai* diesen Sachverhalt zur Konstruktion rechtwinkliger Dreiecke mit Katheten, die proportional zu 3 und 4 waren, nutzten, um die Form der Felder und Grundstücke nach der Nilschwemme wiederherzustellen oder die rechtwinklige oder quadratische Basis von Pyramiden oder

Tempeln zu entwerfen. Und es ist bestimmt kein Zufall, wenn ein Dreieck mit den Katheten 3 und 4 das Theorem (und seinen Beweis) auf einem Bild des *Chou Pei Suan Chin* – bzw. *Zhoubi Suanjing* (des Zhou-Gnomons) – beispielhaft verdeutlicht. Es ist das älteste Dokument der chinesischen Mathematik (1. Jahrhundert v. Chr. oder 1. Jahrhundert n. Chr.), das belegt, dass der Satz des Pythagoras auch fernab der kalabrischen Küste bekannt war.

Und auch im Indien der Veden kannten ihn die Erbauer der Agni-Altäre (Agni ist der Hindu-Gott des Feuers), wie die *Śulbasūtra* (*Regeln der Schnur*) zeigen. Ihre Datierung ist unsicher (zwischen dem 5. und 2. Jahrhundert v. Chr.), ihren Namen tragen sie wegen der darin enthaltenen Regeln (*sūtra*) für die Errichtung von Altären in geometrischen Formen – Dreiecke, Quadrate, Rechtecke, Kreise oder ihren Kombinationen – unter Verwendung von Schnüren (*śulva* oder *śulba*) zur Vermessung. Die Regeln der *Śulbasūtra* sind einfache Vorschriften, Anleitungen ohne erklärende Abbildungen, die aber doch, zusammen mit dem Theorem des Pythagoras, die Kenntnis der Tatsache verraten, dass das Quadrat über der Diagonale eines Quadrats die doppelte Fläche des Letzteren hat. »Die Schnur [gleich] der Diagonalen eines Quadrats ergibt zwei Mal dessen Fläche und verdoppelt somit das Quadrat«, so steht es im ältesten dieser *sūtra*. Und dass Platon ebendieses geometrische Ergebnis im *Menon* verwendet bei der Veranschaulichung seiner Theorie des Wissens aus dem Munde von Sokrates, ist nur auf den ersten Blick ein überraschender Zufall. Die Wahl des Problems, sagt Simone Weil im Entwurf eines Briefes an ihren Bruder, legt nahe, dass ebenjenes mit einem Wissen verbunden ist, das den göttlichen Ursprung der Intelligenz beweist. »Und welches wäre dieses Wissen, wenn nicht das von der Inkommensurabilität?«

EIN LOGISCHER SKANDAL

Für einen Mathematiker des ausgehenden 19. Jahrhunderts war die Entdeckung der Inkommensurabilität, also des Umstands, dass es Größen wie die Diagonale und die Seite eines Quadrats gibt, deren Verhältnis nicht in ganzen Zahlen beschreibbar ist, nichts weniger als »ein logischer Skandal«! Und worin besteht der Skandal? Darin, dass diese Entdeckung zum ersten Mal die Mathematik das Gefühl der Trunkenheit und des Taumels der Unendlichkeit spüren ließ (»den Abgrund, in den unsere Gedanken stürzen«, wird am Ende des 18. Jahrhunderts der Astronom Jean-Sylvain Bailly sagen). In der Tat bricht im schicksalhaften Augenblick dieser Entdeckung das Unendliche in die Mathematik ein und verursacht, meinen manche, die erste Erschütterung ihrer Grundpfeiler. Versuchen wir herauszufinden, warum, und beginnen mit einer Passage aus Platons *Menon.*

Um zu zeigen, dass das Wissen nichts anderes als Erinnern ist, »da ja die Seele unsterblich ist«, die immer wieder neu geboren wurde und viele Dinge in dieser Welt und im Hades gesehen hat, befragt Sokrates einen Sklaven, der von der Geometrie keine Ahnung hat. Zunächst lässt er ihn feststellen, dass durch Verdoppelung der Seitenlänge eines Quadrats die Fläche vervierfacht wird. Daraufhin fragt er ihn: Will man ein Quadrat mit der doppelten Fläche eines gegebenen Quadrats konstruieren, welche Seitenlänge müsste es haben? Die richtige Antwort, die Sokrates den Sklaven geben lässt, erklärt sich aus der geometrischen Evidenz: Das Quadrat *BDHF* über der Diagonale *BD* des Quadrats *ABCD* ist doppelt so groß wie das Quadrat *ABCD* und zugleich halb so groß wie das Quadrat *AEGI*. Das Quadrat *BDHF* wird nämlich in vier Dreiecke zerlegt, die sowohl den beiden gleichen, die das Quadrat *ABCD* bilden, als auch den acht Dreiecken, die *AEGI* bilden.

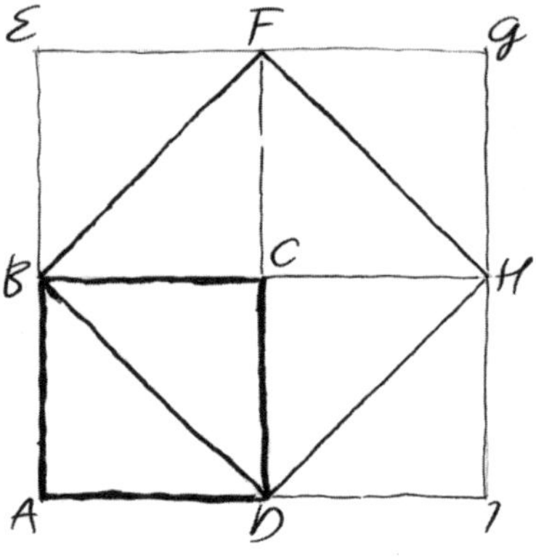

Genau so lautet die Regel in jenem alten indischen *sūtra*, wo die zur Bestimmung der Länge der Diagonalen erforderlichen Operationen beschrieben werden. Übersetzt in moderne Begriffe besagt die Regel: Um die Länge der Diagonale zu ermitteln, muss die Seitenlänge mit 1,4142 multipliziert werden. Aber Achtung!, warnt der indische Schreiber, dies sei ein Wert »mit einem Unterschied« (zum tatsächlichen Wert). Heute würde man sagen, ein Näherungswert von $\sqrt{2}$. Der »tatsächliche« Wert wird in der Tat mit 1,4142… angegeben, wobei die Pünktchen eine unendliche Folge von Ziffern anzeigen. Noch vor den Indern sahen sich die Babylonier vor diese Art Probleme gestellt, wie ein Täfelchen verrät, das auf die Zeit zwischen 1800 und 1600 v. Chr. datiert wird.

Auf der Diagonalen sind Ziffern in sexagesimaler Darstellung eingeritzt, die in der uns geläufigeren Dezimaldarstellung den Wert 1,41421296 ergibt, der mit einem Näherungswert von $\sqrt{2}$ noch genauer ist als der indische. Bedeutet dies vielleicht, dass man bis auf diese frühe Zeit zurückgehen muss, um den Moment zu finden, an dem ein unbekannter Schreiber auf einem Tontäfelchen die schockierende Entdeckung der Inkommensurabilität von Seitenlänge und Diagonale gemacht hat?

Betrachten wir noch einmal die Figur, die der Sklave unter Sokrates' Anleitung gezeichnet hat. Verbindet man die Mittelpunkte der Seiten des Quadrats *AEGI*, erhält man ein halb so großes Quadrat.

Dies ist nur der erste Schritt in der Erzeugung einer teleskopischen Folge ineinander einbeschriebener Quadrate mit immer kleinerer Fläche, eine Operation, die unendlich oft fortgeführt werden kann. Diese endlose Abfolge vermag eine Vorstellung vom Abgrund des Unendlichen zu geben, von dem Bailly sprach.

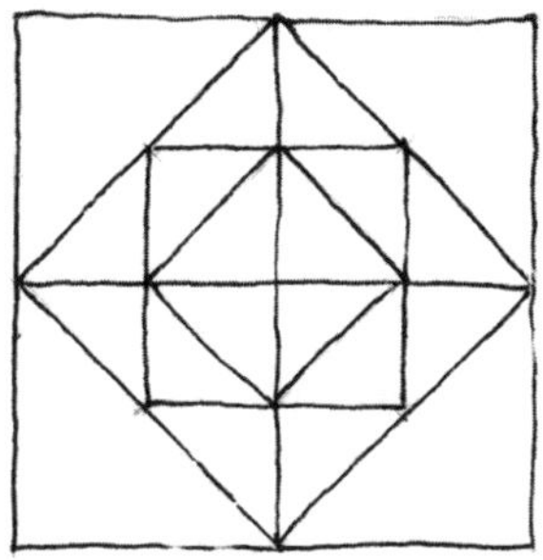

Auch über der Hälfte der Diagonale *BH* lässt sich das Quadrat *ABCD* erstellen, das halb so groß ist wie das Ausgangsquadrat *BDHF*. Halbiert man die Diagonale *BD* und konstruiert darauf ein Quadrat, ist dieses halb so groß wie *ABCD*, usw. Wie die obige Konstruktion ist auch diese geometrisch immer möglich, da ein Segment immer wieder halbiert werden kann. Wenn wir uns vorstellen, diesen Vorgang unendlich oft zu wiederholen, erhält man eine Abfolge immer kleiner werdender Quadrate, die sich spiralförmig im Ausgangsquadrat anordnen.

Nehmen wir einmal an, die Seite *BD* = *s* und die Diagonale *BH* = *d* des Quadrats *BDHF* wären ganze Zahlen. Vom Gesichtspunkt der *Geometrie* aus kann jede der beschriebenen Konstruktionen unendlich oft wiederholt werden (eine Strecke kann immer halbiert werden), doch aus *arithmetischer* Sicht ist dies nicht möglich: Nach einer begrenzten Anzahl von Schritten muss man aufhören, da weder eine ungerade Zahl noch die 1 weiter durch 2 teilbar sind. Die Anfangshypothese, dass die Diagonale und die Seite in ganzen Zahlen gegeben seien, ist demnach inkompatibel mit der unendlichen Teilbarkeit einer Strecke in zwei gleiche Teile.

Auf der von Platon im *Menon* vorgeführten Konstruktion beruht der Beweis, wonach das Verhältnis von Diagonale und Seite des Quadrats inkommensurabel ist; daran erinnert Aristoteles in der *Analytica priora*, um das Verfahren des indirekten Beweises zu veranschaulichen, indem man eine Annahme macht, die zu einem logischen Widerspruch führt und damit zeigt, dass die Annahme falsch war. Gewiss war dieses Ergebnis bereits damals bekannt, wenngleich Aristoteles die Entdeckung niemals den Pythagoreern zuschreibt, während er ihre Lehre doch vielerorts diskutiert.

Nehmen wir uns noch einmal die Figur vor, die der Sklave Menons zeichnete. Ein Beispiel für die Beweisführung mittels Zurückführung auf das Absurde, sagt Aristoteles, »ist diejenige Beweisführung, welche die Inkommensurabilität der Diagonale feststellt«, gegründet auf dem Umstand, dass, wenn die Diagonale *BD* und die Seite *AB* des Quadrats *ABCD* kommensurabel wären, dann erwiesen sich »die ungeraden Zahlen gleich den geraden«. Eine eindeutig absurde Schlussfolgerung.

Wie kann die Behauptung des Aristoteles begründet werden? Alexander von Aphrodisias erklärt es in seinem *Aristotelis analyticorum priorum librum I commentarium* (3. Jahrhundert n. Chr.). Angenommen, die Diagonale und die Seite wären kommensurabel und ihr Verhältnis $d : s$ wäre durch zwei ganze teilerfremde Zahlen d und s ausgedrückt. Dann wären auch d^2 und s^2 teilerfremd. Doch wie wir gesehen haben, hat das Quadrat über der Diagonale die doppelte Fläche wie das über der Seite, demnach muss für d^2 und s^2 dasselbe Verhältnis 2 : 1 gelten, das heißt

$$d^2 : s^2 = 2 : 1.$$

Folglich ist d^2 gerade, weil es das Doppelte der Zahl s^2 ist. Wenn jedoch eine Quadratzahl durch 2 teilbar ist, so gilt das auch für ihre Hälfte. Darum wird s^2 als die Hälfte von d^2 ebenfalls gerade. Doch s^2 ist ungerade, wenn d^2 gerade ist, denn zwei teilerfremde Zahlen können nicht beide zugleich gerade sein. Und deshalb führt Aristoteles zufolge die Hypothese, dass die Diagonale mit der Seite kommensurabel sei, zu der absurden Schlussfolgerung, die ungeraden Zahlen seien gleich den geraden. Sinngemäß wird dieser Gedankengang bis heute in den Handbüchern wiederholt, um zu beweisen, dass die Wurzel aus 2 eine irrationale Zahl ist: Denn wäre sie tatsächlich eine rationale Zahl, würden sich zwei ganze positive teilerfremde Zahlen r und s finden lassen wie $\sqrt{2} = r/s$, das heißt, ins Quadrat gesetzt, $2 = r^2/s^2$, also $2s^2 = r^2$. Daraus folgt, dass r gerade ist, also ist $r = 2t$ für eine ganze Zahl t. Dann ist $r^2 = 4t^2$, aber da aus $2t^2 = s^2$ wiederum $r^2 = 2s^2$ folgt, bedeutet dies, dass s^2, und damit s, gerade ist. Die Schlussfolgerung ist absurd, da zwei teilerfremde Zahlen nicht beide gerade sein können.

Da die Arithmetik für die Pythagoreer das Instrument zur Ermittlung der Eigenschaften »des Geraden und Ungeraden« war, sei es keineswegs unwahrscheinlich, meint Simone Weil, dass Aristoteles' Beweisführung in Wahrheit darauf zurückgehe und den Sophisten, die im 5. Jahrhundert v. Chr. in Athen ihre Blütezeit hatten, als Argumentationsmodell gedient habe. Es ist denkbar, dass sich die Pythagoreer die Aufgabe gestellt haben, die geometrische Mitte zwischen einer ganzen Zahl a und ihrer Verdoppelung $2a$ zu finden, die durch $\sqrt{(a \times 2a)}$ berechnet wird. So wie sie die arithmetische Mitte und die harmonische Mitte $2ab/(a + b)$ erforscht haben, die dem Verhältnis $a : ((a + b)/2) = (2ab/(a + b)) : b$ entspricht, das Iamblichos das vollkommenste nennt; und vielleicht haben sie entdeckt, dass jene Zahl gerade und zugleich ungerade ist, und daraus geschlossen, dass es sie nicht gibt. Und daraufhin hätten sie den Satz des Pythagoras auf die Hälfte eines Quadrats mit der Seitenlänge 1 angewendet.

Wie wir gesehen haben, findet sich diese Suche ganz natürlich im Problem der Verdoppelung des Quadrats wieder, ein Problem, das dem der Verdoppelung des Würfels völlig analog ist, um das sich Legenden ranken und das damals nicht gelöst wurde. Die Legende erzählt, dass das Orakel des Apollo von Delos, befragt, wie die Pest, die in der Stadt wütete, beendet werden könnte, geantwortet habe, der Zorn der Götter könne besänftigt werden, wenn ein Altar in Form eines Würfels in doppelter Größe des bestehenden errichtet würde. Eine Aufgabe, mit der sich die Mathematiker der Zeit vergeblich herumschlugen. Wie bei der Verdoppelung des Quadrats hängt nämlich die Lösung von einer irrationalen Zahl ab. In heutigen Begriffen ausgedrückt: Wenn a die Kante des ursprünglichen Quadrats ist, geht es darum, die Kante x eines Würfels als $x^3 = 2a^3$ zu bestimmen, das heißt also $x = a\sqrt[3]{2}$.

Laut Simone Weil musste einem die Darstellung der mittleren Proportionale, wie das geometrische Mittel auch genannt wird, mittels der Diagonale des Quadrats sogleich in den Sinn kommen.[3] Und wem kam sie in den Sinn? Wem ist die schicksalhafte Entdeckung zuzuschreiben, die den Einbruch des Unendlichen in die Mathematik markiert? Vielleicht dem Pythagoras, wahrscheinlicher Hippasos von Metapont, wie einige Quellen behaupten. Wie dem auch sei, es ist eine Entdeckung, die die Mitglieder der Gemeinschaft nicht verbreiten dürfen, sind sie doch gehalten, Stillschweigen zu bewahren über die Lehren »jenes Mannes«, wie sie den Meister bezeichnen, den sie nie mit Namen nennen. Ebenso dürfen auch diese Beziehungen nicht benannt werden. Auf die Entdeckung der Existenz von *logoi alogoi*, nicht sagbaren Beziehungen, geht André Weil in einem Brief an seine Schwester ein. Für ihn ist diese Entdeckung so außergewöhnlich, und »allein schon der Ausdruck ist so verstörend«, dass man nicht glauben könne, sie sei als »einfache wissenschaftliche Entdeckung« betrachtet worden. Ja gerade die große Bedeutung, die der nicht sagbaren Proportion zugeschrieben wird, »legt nahe, dass es in den Anfängen des griechischen Denkens ein Gefühl der *Disproportion* zwischen dem Denken und der Welt gab (oder, wie Du es nennst, zwischen dem Menschen und Gott), das so intensiv war, dass um jeden Preis eine Brücke über jenen Abgrund gebaut werden musste«.

Versuchen Sie, sich vorzustellen, was jener Abgrund bedeutet: Wer an die in Zahlen ausgedrückte Harmonie des Universums glaubt, für den lösen nicht sagbare, nicht benennbare Verhältnisse tiefste Bestürzung aus. Sie haben keinen *logos*, ein Begriff, der in der Antike die verschiedensten Bedeutungen hatte, angefangen bei gesprochener Sprache über Rede, Begründung (Logik), aber auch Vernunft und das Verhältnis entsprechender Größen. Die lateinische Übersetzung *ratio* erklärt, warum die Zahlen, die jenen nicht sagbaren Verhältnissen entsprechen, als *irrationale* bezeichnet werden. Die Entdeckung, dass die Zahl Größenverhältnisse nicht auszudrücken vermag, habe »die Zahl getötet zugunsten des *logos*«: Darauf geht in den Augen von André Weil das »Drama« der Entdeckung der irrationalen Zahlen zurück, das »den Pythagorismus in den Untergang geführt hat«.

Diese Entdeckung habe den Pythagorismus keineswegs in den

Untergang geführt, wendet Simone Weil ein. »Herauszufinden, dass es $\sqrt{(a \times 2a)}$ nicht gibt, mag beängstigend gewesen sein«, aber in Umkehrung der Begriffe der traditionellen Interpretation kann die Entdeckung der Diagonalen und der Seite des Quadrats so gewirkt haben, dass sie »nicht aus Angst, sondern vor Freude alles umkrempelte«. Die Freude, zu sehen, dass »ein numerisches Verhältnis, das nicht in Zahlen ausgedrückt werden kann, gleichwohl existiert, definiert durch genau bestimmte Größen« wie die Diagonale und die Seite eines Quadrats. Für Simone Weil ist also »die Entdeckung der Inkommensurabilität mitnichten eine Niederlage für die Pythagoreer, wie man vielleicht glauben mag, sondern vielmehr ihr herrlichster Triumph«. Man begreift, woher ihr »Ton ekstatischer Begeisterung stammt, der jeglichen Verweis auf die Geometrie und ganz besonders auf die Inkommensurablen begleitet«.

Dennoch spielte sich ein Drama von ungeheurer Tragweite ab, schreibt Simone Weil weiter, und zwar das Drama der Preisgabe der Entdeckung, die »den Begriff der Wahrheit in Verruf gebracht hat, was immer noch andauert«. Die Hauptinterpreten waren die Sophisten, die im Volk die Vorstellung verbreiteten, man könne eine These vertreten und zugleich ihr Gegenteil, sie waren die Träger eines Wissens, dem es allein um die Macht ging. Ein Wissen, von dem Simone Weil sagte, es habe ab dem ausgehenden 5. Jahrhundert Demagogie und Imperialismus mit sich gebracht und einen Prozess in Gang gesetzt, der schließlich die hellenische Kultur zerstört habe und mit den römischen Waffen am Ende »Griechenland getötet hat, ohne jede Möglichkeit seiner Wiederauferstehung«.

Daher, so schließt die Philosophin, »hatten die Götter recht, den Pythagoreer bei einem Schiffbruch umkommen zu lassen, der daran schuld war, dass die Entdeckung der Inkommensurablen verbreitet wurde«. Jener Pythagoreer war ebendieser Hippasos, dessen Schuld einer anderen Legende zufolge darin bestand, dass er sich die Konstruktion des regelmäßigen Dodekaeders angemaßt hatte. Eine dritte Geschichte behandelt Hippasos' Schicksal mit größerer Nachsicht: Weil er die Entdeckung der Inkommensurabilität verbreitet habe, sei er aus der Gemeinschaft der Pythagoreer ausgeschlossen worden, und man habe ihm zu Lebzeiten ein Grab errichtet, als symbolisches Zeugnis, dass er für die Mitglieder der Gemeinschaft gestorben war.

Der Moment der Entdeckung der Zahlen ohne *logos* trat mit dem Bewusstsein ein, dass die Diagonale und die Seite eines Quadrats Strecken sind, die miteinander inkommensurabel sind. Doch es geht nicht nur um $\sqrt{2}$. Im *Theaitetos* beweist Platon, dass auch $\sqrt{3}$, $\sqrt{5}$, …, $\sqrt{17}$ irrationale Zahlen sind, und dazu muss er jeweils verschiedene Beweise heranziehen. Um ein allgemeingültiges Ergebnis zu erzielen, muss auf den Moment gewartet werden, in dem Euklid den allgemeingültigen Satz formuliert, dass die Wurzeln aus Zahlen, die keine Quadratzahlen sind, irrationale Zahlen sind. Ein Ergebnis, das sich aus der Betrachtung von Einzelfällen am Ende eines langen Prozesses ergibt.

MAGISCHE PENTAGRAMME UND GÖTTLICHE PROPORTIONEN

Iamblichos zufolge spalteten sich die Anhänger der Pythagoreer in »Akusmatiker« und »Mathematiker«. Letzteren, so berichtet Porphyrios, war eine höhere mathematische Ausbildung vorbehalten, die mit größerer Strenge einherging, während den Akusmatikern nur summarische Anweisungen ritueller und symbolischer Art geboten wurden. Doch auch das war anscheinend nur eine Legende. Als Erster sprach davon Clemens von Alexandria (2. Jahrhundert n. Chr.), obwohl die Geschichte wahrscheinlich auf Nikomachos von Gerasa (1.–2. Jahrhundert n. Chr.) zurückgeht. Jüngere Studien haben gezeigt, dass viele Anschauungen, die Pythagoras zugeschrieben werden, von den Orakelsprüchen bis zu Speisevorschriften und der Lehre von der Seelenwanderung, Ausgeburt neupythagoreischer Vorstellungen sind, die sich jahrhundertelang bis zum heutigen Tag gehalten haben.

In einem Überblick über die Lehren der Vorgänger stellt Aristoteles in der *Metaphysik* fest, dass nach Auffassung der Pythagoreer die Idee der Zahl einen geheimnisvollen Symbolismus nährte, der sich in der Harmonie der himmlischen Sphären ausdrückte, und er schrieb den Pythagoreern die Vorstellung zu, dass die Prinzipien der Mathematik zugleich die Prinzipien aller Dinge und diese nach dem Vorbild der Zahlen geschaffen seien. »Alle bekannten Dinge haben eine Zahl, denn nichts kann ohne sie gedacht oder gewusst werden«, urteilt der Pythagoreer Philolaos in einem Fragment.

Anscheinend benannten die Pythagoreer die Eins mit dem Namen Proteus, da die Eins Element jeder Zahl ist, vergleichbar mit Proteus, dem Meeresgott in der griechischen Mythologie, der jede Gestalt annehmen kann und die Eigenschaften jedes Dings besitzt. Ausgehend von der Eins entstehen die Zahlen, die nach Auffassung der Pythagoreer »Punkte mit einer Position« sind. Dieser Gedanke bildet die Grundlage der geometrischen Darstellung der Zahlen, wovon sich bis heute Spuren in der Sprache der Mathematik erhalten haben. Zum Beispiel gab es die Dreieckszahlen wie 1, 3, 6, 10 …, die durch Punkte dargestellt wurden, die so angeordnet waren, dass sie ein Dreieck bildeten.

Offenbar wurde der Zehn, der vollkommenen Zahl, eine besondere Rolle zugewiesen, die heilige Tetrade (*tetraktys*), die Summe der ersten vier Zahlen. Der Philosoph Sextus Empiricus erzählt, man habe sie »die nie versiegende Quelle der Natur« genannt, weil sie die einfachen Verhältnisse der konsonanten Intervalle in der Musik ausdrücken, nämlich die Quart (4:3), die Quinte (3:2), die Oktave (2:1), die den Pythagoreern zufolge auch die harmonische Schönheit des gesamten Kosmos steuern.

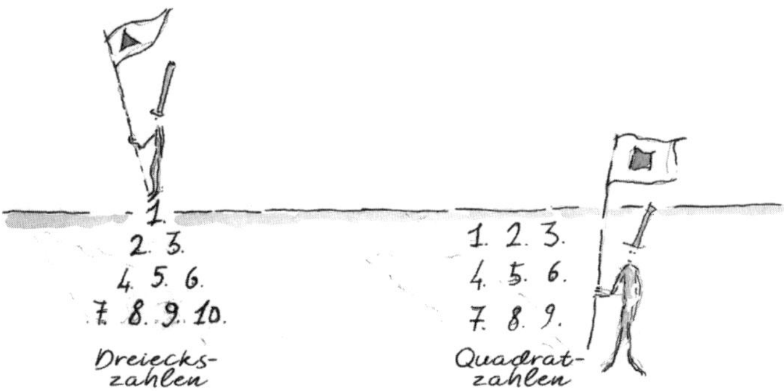

Nach den Dreieckszahlen kamen die Quadratzahlen, die man ausgehend von 1 unter Hinzufügung eines quadratischen, »Gnomon« genannten Rahmens erhielt (Gnomon hieß auch, wir erinnern uns, der Stock mit seinem Schatten, mit deren Hilfe Thales die Höhe der Pyramide gemessen hatte). Die Pythagoreer hatten herausgefunden, dass man die Quadratzahlen auch als Summen zweier aufeinanderfolgender Dreieckszahlen erhalten kann (1 + 3 = 4, 3 + 6 = 9, 6 + 10 = 16 usw.). Und dann gab es noch die pentagonalen, hexagonalen, oktogonalen Zahlen usw., das heißt »figurierte Zahlen«, so genannt, weil sie in geometrischer Darstellung durch die Verteilung der Punkte an den Ecken regelmäßiger Polygone wie Pentagon, Hexagon, Oktogon usw. diese Figuren ergeben. Dazu kommen noch dreidimensional darstellbare Figurenzahlen, deren einfachstes Beispiel der Würfel ist.

Unter den figurierten Zahlen spielte die 5 für die Pythagoreer eine besondere Rolle, dargestellt von den fünf Ecken eines regelmäßigen Pentagons. Zieht man die Diagonalen ein, ergibt sich nämlich das Pentagramm, der fünfzackige Stern, der anscheinend das Symbol der Pythagoreer war und noch in der Astrologie des Mittelalters und der Renaissance magische Bedeutung besaß, wie die in ein Pentagramm einbeschriebene menschliche Figur mit astrologischen Symbolen in den fünf Ecken beweist – zu sehen in *De occulta philosophia* von Cornelius Agrippa, 1533 in Paris erschienen.

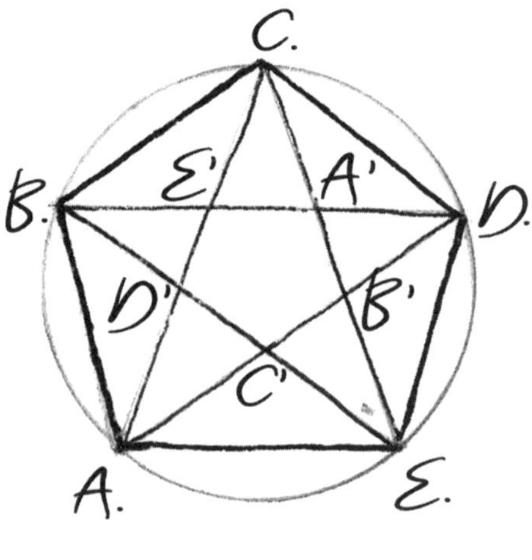

Wie beim Quadrat und seiner Diagonale erzeugen tatsächlich die Diagonalen des regelmäßigen Pentagons *ABCDE* ein neues, kleineres regelmäßiges Pentagon *A′B′C′D′E′*, dessen Seiten parallel zu den Seiten des ursprünglichen Fünfecks sind. Wird der Vorgang unendlich oft wiederholt, erhält man eine teleskopische Folge von sich gleichenden Figuren, Sternen und regelmäßigen Pentagrammen, die immer kleiner werden, und wieder einmal öffnet sich vor unserem Auge der Abgrund des Unendlichen.

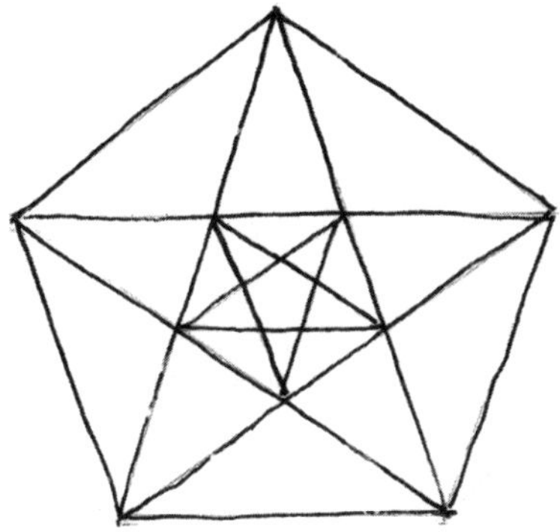

Wie im Fall der Diagonale und der Seite des Quadrats, so haben auch die Diagonalen des regelmäßigen Fünfecks miteinander keinen *logos*, das heißt, sie sind miteinander inkommensurabel. Einige Wissenschaftler haben vermutet, der schicksalhafte Augenblick der Entdeckung der nicht sagbaren Zahlen sei eingetreten, als die Pythagoreer auf der Suche nach dem Verhältnis zwischen der Diagonale und der Seite des regelmäßigen Fünfecks, nicht etwa des Quadrats, erkannten, dass jenes Verhältnis nicht in ganzen Zahlen ausgedrückt werden kann. Es besteht in der Tat in der sogenannten goldenen Zahl $\varphi = (1 + \sqrt{5})/2$, die die Aufteilung einer Strecke in das kennzeichnet, was Bruder Luca Pacioli aus Borgo Sansepolcro, ein Mathematiker des 15. Jahrhunderts, die »göttliche Proportion« (*proportio divina*) nennen wird, den »goldenen Schnitt«.

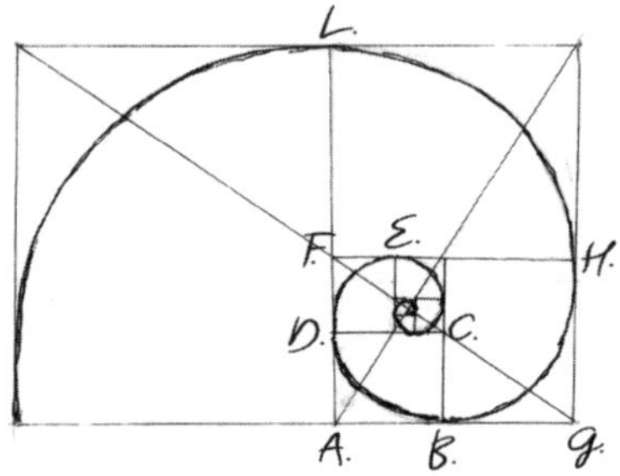

Es geht nicht nur um die Teilung einer Strecke, sondern auch um das Verhältnis zwischen den Seiten *AF* und *AB* eines goldenen Rechtecks wie *ABEF*, das ein weiteres goldenes Rechteck mit den Seiten *AGHF* erzeugt, das wiederum ein weiteres goldenes Rechteck mit den Seiten *AL* und *AG* erzeugt, und so weiter bis ins Unendliche mit immer größeren goldenen Rechtecken. Aber auch *DCEF* ist ein goldenes Rechteck, das seinerseits ein weiteres, kleineres goldenes Rechteck hervorbringt, und so weiter mit immer kleineren Rechtecken. Auch die goldene Spirale erweist sich als endlos in immer größeren und immer kleineren Windungen.

Jene Zahl φ ist aufs Engste mit einer Zahlenfolge verbunden, die Leonardo Pisano, der vielleicht deshalb Fibonacci genannt wird, weil er der Sohn eines gewissen Bonaccio* war, im *Liber abbaci* veröffentlichte; damit löste er ein merkwürdiges Problem, das mit Kaninchen zu tun hat: Wie viele Kaninchen werden innerhalb eines Jahres von einem Kaninchenpaar geboren? Um diese Frage zu beantworten, bedarf es natürlich einiger Voraussetzungen. Es liegt in der Natur der Kaninchen, erklärt Leonardo, jeden Monat ein Pärchen hervorzubringen, das seinerseits zwei Monate nach der

* *Figlio di Bonaccio* = Sohn des Bonaccio (A. d. Ü.).

Geburt ein neues erzeugt. Nach dem zweiten Monat sind es also drei Pärchen, von denen zwei weitere zwei Pärchen erzeugen, und im dritten Monat sind es insgesamt fünf, von denen drei je ein Pärchen Junge bekommen, und im vierten Monat sind es acht Paare, und so weiter in den übrigen Monaten das Jahres. Innerhalb eines Jahres sind es 377 Paare, und auf diese Zahl kommt Fibonacci im *Liber abbaci*.

So kann man die Reihen endlos fortsetzen, wenn man die Formel verstanden hat, welche die aufeinanderfolgenden »Fibonacci-Zahlen« (wie die Mathematiker sie nennen) erzeugen: Jede Zahl ist die Summe der beiden vorhergehenden, ausgehend vom ursprünglichen Paar. Die Abfolge ist demnach

1, 2, 3, 5, 8, 13, 21, 34, 55, 89, 144, 233, 377, usw.

Man glaubt es kaum, doch diese Zahlenfolge, die von einer banalen Frage zu Kaninchen ausging, besitzt so viele Eigenschaften, dass seit über fünfzig Jahren sogar eine Vierteljahreszeitschrift, *The Fibonacci Quarterly*, publiziert wird, die allein diesem Thema gewidmet ist. Die Geschichte der Kaninchenvermehrung ist wahrlich kurios und erscheint wenig überzeugend als Grund für die Erklärung, woher diese Zahlenfolge stammt. Denkbar ist jedoch, dass Fibonacci während seiner Reisen auf das Dreieck der Binominalkoeffizienten gestoßen ist, das man in der Schule unter der Bezeichnung »Pascal'sches Dreieck« kennenlernt, das jedoch schon den Arabern und noch vor ihnen den Chinesen bekannt war. Um zu verstehen, um was es sich dabei handelt, schauen wir uns das folgende Schema an:

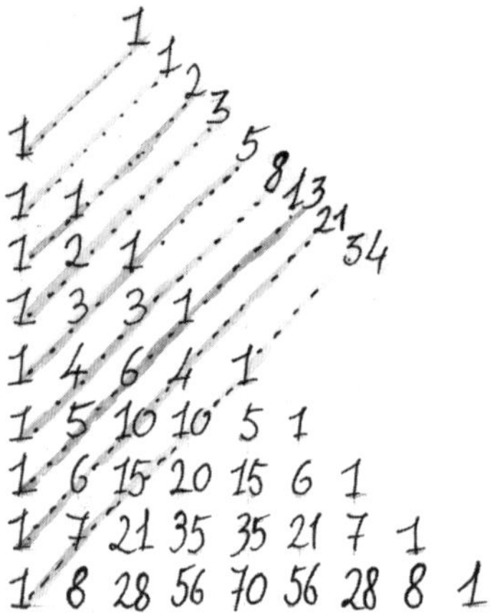

Die Zahlen auf den Horizontalen sind die Koeffizienten der aufeinanderfolgenden Potenzen von $(a + b)^n$ für $n = 1, 2, 3, 4, \ldots$ Damit sind 1 und 1 die Koeffizienten von $a + b$, die von $(a + b)^2 = a^2 + 2ab + b^2$ sind dagegen 1, 2, 1, und die von $(a + b)^3 = a^3 + 3a^2b + 3ab^2 + b^3$ sind 1, 3, 3, 1 und so weiter für die anderen Potenzen. Werden jedoch die Diagonalen addiert, erhält man (Überraschung!), die Fibonacci-Zahlen. Vielleicht gelangte der Mathematiker auf diesem Weg zu seinen Zahlen, und um der Abfolge einen Anschein von Realität zu geben, erfand er die Geschichte der Kaninchenvermehrung.

Wie auch immer er darauf kam, jedenfalls tauchen die Fibonacci-Zahlen in den unterschiedlichsten Zusammenhängen auf. Auch in der Natur kommen sie häufig vor. »Kennen Sie die Wachstumslinien einer Blume, eines Blattes, die Anordnung der Samen der Sonnenblume? Kennen Sie die Phyllotaxis?«, fragt Leonardo Sinisgalla in seinem Aufsatz »*Linee-guida*«, der 1953 in der Zeitschrift *Civiltà delle macchine* erschienen ist. »Eine merkwürdige Zahl erscheint als Determinante in diesen Wachstumslinien, eine Zahl, die in über der Hälfte des lebendigen Universums auftritt.«

Das ist die Zahl $\varphi = (1 + \sqrt{5})/2 = 1{,}618\ldots$ mit der bemerkenswerten Eigenschaft, dass $\varphi + 1 = \varphi^2$ ist. »Und damit sind wir bei der Spirale der Tannenzapfen, der Schneckenhäuser, der Galaxien, der Bakterienkolonien.« Und dann gibt es die 34 Spiralen im Uhrzeigersinn und die 55 im Gegenuhrzeigersinn, in dem die Samen der Sonnenblume angeordnet sind, ebenso wie die Spiralen des Romanesco-Kohls, der außerdem Ähnlichkeit mit Fraktalbildern aufweist, denn er zeigt die gleiche Spiralform in jeder einzelnen kleinen Blütenanlage. Auch die Anordnung der Blätter und Blütenblätter einer Pflanze um ihre Mittelachse hängt mit der goldenen Zahl zusammen, der sogenannten Phyllotaxis, von der Sinisgalli sprach und die für manche ein »organisches Mysterium« ist.

Man kann sich fragen, was die goldene Zahl mit den Fibonacci-Zahlen zu tun hat. Schon Kepler, der aufmerksam in jedem Naturphänomen Spuren von geheimnisvollen Zahlen suchte, hatte beobachtet, dass sich, je weiter man die Fibonacci-Zahlenreihe verfolgt, desto mehr das Verhältnis zwischen zwei aufeinanderfolgenden Zahlen der goldenen Zahl φ nähert. Jene nicht sagbare Zahl, jenes Symbol der Zugehörigkeit zu den Pythagoreern, lieferte Bruder Luca Pacioli den Schlüssel, um in die »geheimste Wissenschaft« einzudringen, die mit den Eigenschaften der fünf regelmäßigen Körper zusammenhängt, die er auf den Seiten seiner Schrift *De divina proportione* enträtselt (1509 im Druck erschienen). Ein »Werk, das alle scharfsinnigen und wissbegierigen Geister brauchen« und das Leonardo da Vinci, wie Luca Pacioli Gast am Mailänder Hof von Ludovico Sforza, genannt »il Moro«, für seinen Freund mit wunderbaren Zeichnungen von gefüllten und hohlen, regelmäßigen, stumpfen und sternförmigen Polyedern illustrierte.

Gibt es eine Zahl, mit der man das Runde messen kann, als wäre es rechteckig? Welches ist die geheimnisvolle Konstante, nach der die Mathematiker seit der frühesten Antike fahndeten, oder die sie zumindest immer enger einzugrenzen versuchten, und zwar allein mithilfe von Zirkel und Lineal? Und warum gaben am Ende alle, die die Quadratur des Kreises erstrebten, angesichts der Eigenart dieser Zahl auf?

Das Eckige und das Runde

DAS BECKEN DES TEMPELS UND DIE FELDER DES SCHREIBERS

»Wahrhaftig, schöne Dame, sintemalen und alldieweil es männiglich bekannt, dass ein Viereck nicht rund ist ...«, stammelt Leporello in einer der berühmtesten Arien Mozarts, bevor er vor Donna Elvira das Register der Liebesaffären Don Giovannis aufblättert, die Liste »der Schönen, die [sein] Herr geliebt hat«. Dass ein Quadrat nicht rund ist, ist demnach eine Banalität, die selbst ein einfacher Diener im ausgehenden 18. Jahrhundert kennt. Dennoch sind die Worte, die der Librettist Lorenzo Da Ponte Leporello in den Mund legt, vielleicht nicht nur der Suche nach einem leichten Reim geschuldet. Sie könnten auf etwas anspielen, was seit Anbeginn der Welt ungelöst ist, so sehr, dass es zum Synonym von etwas Unmöglichem, Vergeblichem und Lächerlichem geworden ist. Es geht um die Quadratur des Kreises, mit anderen Worten: um das Problem, ein Quadrat mit dem gleichen Flächeninhalt eines gegebenen Kreises zu konstruieren.

Warum bemüht man sich überhaupt, ein flächengleiches Quadrat und nicht etwa ein Dreieck oder ein Rechteck zu konstruieren? Weil von allen Formen ohne Zweifel das Quadrat die einfachste und am leichtesten zu messende Figur ist. Um seine Fläche zu berechnen, genügt es, seine Seitenlänge zu kennen. Und deshalb war man seit der Antike der Ansicht, die Fläche des Kreises lasse sich mit einem Quadrat vergleichen, und das entsprechende Quadrat könne bestimmt werden. Und so, glaubte man, könnte die Kreisfläche mit derselben Genauigkeit wie die Fläche eines Dreiecks, eines Rechtecks oder eines beliebigen Vielecks berechnet werden.

Höchstwahrscheinlich hat Da Ponte, als er 1787 den *Don Giovanni* schreibt, keine Ahnung von diesen geometrischen Spitzfindigkeiten. Er ist Hofpoet Kaiser Josephs II. in Wien, und es heißt, für das Libretto habe er die Hilfe eines Experten vom Schlage eines Giacomo Casanova in Anspruch genommen, auch wenn er sie vielleicht nicht unbedingt brauchte. Casanova ist ein bekannter Lebemann, aus Venedig, der Serenissima, nach einer Verurteilung wegen »Konkubinats und Entführung einer achtbaren Frau« verbannt, und steht unter der Anklage, fröhliche Gelage in einem Bordell organisiert und mitgemacht sowie ein paar Kinder mit einer Geliebten zu haben. Ein wenig löbliches Gebaren, vor allem in den Augen eines Mannes wie Da Ponte, Priester in der Pfarrei San Luca in Venedig. Geboren wurde er als Emanuele Conegliano im Ghetto von Ceneda, noch als Jugendlicher wurde er vom Bischof der örtlichen Diözese zum Katholizismus bekehrt, der ihm auch seinen Namen verpasste. Danach besuchte er das Priesterseminar und legte die Gelübde ab. Er war demnach mit den Heiligen Schriften vertraut und hatte vielleicht einen Abschnitt im *Buch der Könige* nicht vergessen, in dem es um unsere Frage geht.

Dort erzählt man vom Tempel, den Salomo errichten ließ, dass der König einen Mann aus Tyrus habe kommen lassen, der in sämtlichen Arten der Bronzeverarbeitung bewandert war und von dem es in der Bibel heißt, er »machte das Meer, gegossen von einem Rand zum anderen zehn Ellen weit rundherum und fünf Ellen hoch und eine Schnur von dreißig Ellen war das Maß ringsherum«. Dieses »Meer« genannte Becken diente den Priestern für ihre Waschungen. Wenn laut dem biblischen Text, der auf das Jahr 550 v. Chr. zurückgeht, eine Schnur von 30 Ellen ein Becken mit 10 Ellen Durchmesser umschließt, so bedeutete das für die Juden in der damaligen Zeit, dass der Umfang dieses Kreises etwa dreimal so groß wie sein Durchmesser war.

Was hat das Verhältnis zwischen der Größe des Umfangs und der Größe des Durchmessers mit der Quadratur des Kreises zu tun? Nun, das liegt an einer besonderen Eigenart des Kreises, von der wir in der Schule erfahren haben: Zwischen der Kreisfläche und der Länge seines Umfangs besteht ein enger Zusammenhang: Kennt man die Fläche, bekommt man auch den Umfang des Kreises und umgekehrt. Beide Größen hängen nämlich von einer Zahl ab, die immer gleich bleibt, egal, um welchen Kreis und um welchen Umfang es sich handelt. Nehmen wir einen Kreis, ganz gleich, ob groß oder klein: Seine Fläche entspricht dem Radius im Quadrat, ganz gleich wie groß der Radius ist, und die Länge des Umfangs ist proportional zum Durchmesser. Die Konstante der Proportionalität ist stets dieselbe. Es ist stets dieselbe Zahl. Erstaunlich, oder?

Bestimmt man diese Zahl, löst sich sowohl das Problem der Quadratur des Kreises als auch das der Rektifikation des Umfangs, wie das Problem, eine Gerade in der Länge des Kreisumfangs zu finden, zuweilen genannt wird. Denn nur gerade Linien sind exakt zu messen. Um einen Bogen in gleicher Weise zu messen, muss er »rektifiziert« werden können, das heißt, in eine Gerade gleicher Länge umgewandelt werden. Sicherlich war sich Da Ponte hierüber nicht im Klaren, doch ein paar Jahrzehnte zuvor hatte Leonhard Euler, ein großer Mathematiker an der Akademie der Wissenschaften in Sankt Petersburg (der seine auf Lateinisch, der damaligen Lingua franca, geschriebenen Werke unter dem latinisierten Namen

Eulerus veröffentlichte), »der Einfachheit halber« damit begonnen, diese Zahl mit dem griechischen Buchstaben π zu bezeichnen, ein Symbol, das seither in Gebrauch ist. Es ist nur ein Symbol, denn nicht einmal Euler, einer der bedeutendsten Mathematiker aller Zeiten, war imstande, diese Zahl exakt zu berechnen.

Für die Juden im *Buch der Könige* entsprach $\pi = 3$, doch waren anderswo schon längst viel bessere Schätzungen bekannt. Ein Beispiel hierfür ist ein babylonisches Täfelchen, das auf ein Alter von viertausend Jahren geschätzt wird und 1936 bei Ausgrabungen in der Stadt Susa, etwa 300 Kilometer vom antiken Babylon entfernt gelegen, ans Licht kam. Darauf ist ein regelmäßiges Sechseck in einem Kreis zu sehen. Der Schreiber beschränkt sich darauf, das Verhältnis zwischen dem Durchmesser des Sechsecks und dem des Kreises mit einer Zahl zu benennen, die in der sexagesimalen babylonischen Notierung wie $\frac{56}{60} + \frac{36}{60^2}$ geschrieben wird

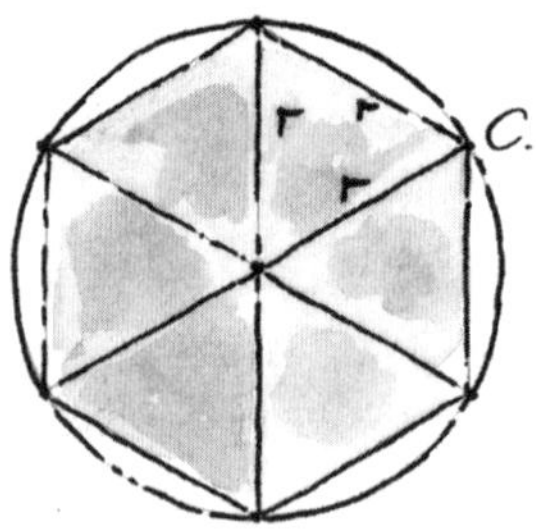

Wie ist er darauf gekommen? Die Babylonier wussten genau – und das Täfelchen beweist es –, dass der Durchmesser des Sechsecks = sechsmal der Radius des Kreisumfangs, also dreimal der Durchmesser ist. Es war ihnen bekannt, dass die Länge des Umfangs proportional zum Durchmesser ist. In uns vertrautere Begriffe übersetzt bedeutet das, dass der Schreiber, um sein Ergebnis zu bekommen, geschätzt haben muss, dass die Zahl, die wir mit π bezeichnen, die Konstante des Verhältnisses zwischen Umfang und Durchmesser gleich $3 + 1/8$, also $\pi = 3{,}125$ ist.

Auch die alten Ägypter sahen sich mit vergleichbaren Problemen konfrontiert. Der ägyptische Schreiber Ahmes verspricht im sogenannten Papyrus Rhind, einer Abhandlung zu verschiedenen mathematischen Problemen, uns in die »Kenntnis aller existierenden Dinge und aller dunklen Geheimnisse« einzuführen. Wir schreiben etwa das Jahr 1650 v. Chr., doch Ahmes behauptet, von einer viel älteren Schrift abzuschreiben, die auf die Zeit zwischen 1800 und 2000 vor unserer Zeitrechnung zurückgeht. Und wie hoch schätzt er den Wert des Verhältnisses zwischen Umfang und Durchmesser, der für die Berechnungen angewendet wird?

Dieses Verhältnis spielt eine Rolle bei der Aufgabe Nummer 50, bei der die Fläche eines runden Feldes mit einem Durchmesser von 9 *khet* bestimmt werden soll (*khet* ist ein Längenmaß und entspricht ungefähr 52 Metern). Einmal abgesehen von der merkwürdigen Vorstellung von einem Feld dieser Form, sieht die Regel des Schreibers eine Verkürzung des Durchmessers um 1/9 vor, um die Seite des Quadrats zu bekommen, mit der die Aufgabe gelöst wird. Mit anderen Worten, die Fläche des runden Feldes ist gleich der Fläche eines Quadrats mit der Seitenlänge von 8 *khet*. Ahmes erklärt nicht, warum das so ist, und auch nicht, wie er zu diesem Ergebnis gekommen ist. Sein Vorgehen beruht auf empirischer Erfahrung, vielleicht gehört es zu jenen »dunklen Geheimnissen«, die im Papyrus gelüftet werden. Vielleicht spielt die Tatsache eine Rolle, dass es stets dieselbe Konstante ist, die zwischen der Fläche des Kreises und dem Radius im Quadrat sowie zwischen der Größe des Umfangs und seinem Durchmesser besteht, was dem Schreiber wohl bewusst ist. Die Regel, nach der er vorgeht, läuft darauf hinaus, dass das Verhältnis zwischen der Fläche des Kreises und dem Quadrat des Radius $4 \times (8/9)^2$ beträgt, womit π den Näherungswert von 3,16 hat.

In einem ihrer Briefe an den Bruder André kommentiert Simone Weil dieses Ergebnis, das sie einem bahnbrechenden Buch von Otto Neugebauer über die Mathematik der Antike entnimmt, und bemerkt dazu, dass »man sich dieses Ergebnis ohne Weiteres vorstellen kann, wenn man die primitiven Methoden berücksichtigt«, die Ahmes höchstwahrscheinlich anwandte. Nehmen wir einmal an, schreibt die französische Philosophin, wir unterteilen das in den Kreis einbeschriebene Quadrat (mit der Seitenlänge 9 *khet*) in 81 Quadrätchen. »Um die Kreisfläche zu bekommen, muss man drei dieser Quadrätchen plus den ungefähren Wert von drei halben Quadrätchen für jeden Winkel des einbeschriebenen Quadrats abziehen.« Das empirische Verfahren, das Simone Weil beschreibt, ist gar nicht so weit entfernt von dem, nach dem Ahmes vorgegangen sein muss, denn er hatte bereits bei Aufgabe 48 ein ähnliches Verfahren vorgeschlagen.

Dieses Mal geht es um einen Kreis, der in ein Quadrat mit der Seitenlänge 9 *khet* einbeschrieben ist. Ahmes unterteilt jede Seite in drei gleiche Teile und konstruiert das unregelmäßige Achteck *ABCDEFGH*, dessen Seiten nicht alle gleich sind. Berechnet man die Fläche dieses Achtecks durch Addition der Quadrate mit der Seitenlänge 3 *khet* und der halben Quadrate, so kommt man auf 63. Die Fläche des Kreises ist ein wenig größer als die des Achtecks, kommt jedoch nahe an diese heran. Vielleicht gedachte Ahmes deshalb, diese Differenz »auszugleichen«, indem er 63 durch 64 ersetzte und dann seine Regel formulierte, die auch noch den Vorteil hat, die Berechnungen zu vereinfachen. Sowenig wie vorzeiten seinen babylonischen Kollegen gelingt es Ahmes, den Wert der Konstanten exakt zu bestimmen, die es erlaubt, mithilfe des Durchmessers die Kreisfläche zu errechnen, und er begnügt sich mit einem empirischen Vorgehen.

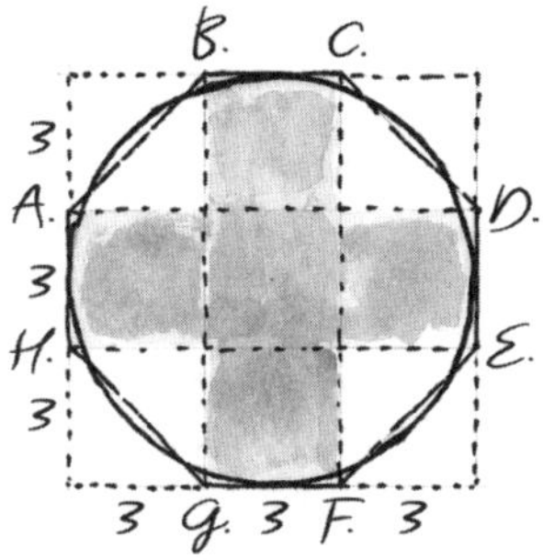

Wie dem auch sei, bestimmt ahnte der Schreiber nicht, dass er sich einem Problem widmete, das im Lauf der Jahrhunderte zu großer Berühmtheit gelangen und Generationen von Mathematikern Kopfzerbrechen bereiten sollte: die Quadratur des Kreises.

Nach ihm beschäftigten sich auch die Mathematiker im alten China mit kreisförmigen Feldern. In den *Jiuzhang suanshu* (*Neun Kapitel der mathematischen Kunst*), einem klassischen chinesischen Text, findet sich eine Aufgabe, die der von Ahmes völlig gleicht: »Angenommen, wir haben ein kreisförmiges Feld mit 30 *bu* Umfang und 10 *bu* Durchmesser, wie groß ist das Feld?« (Ein *bu* entspricht etwa 1,4 Meter.) Wir stellen fest, dass in der Aufgabe stillschweigend angenommen wird, der Wert von π sei 3, genauso wie im Bibeltext. Und was soll man von der Form des Feldes halten, mit dem sich die *Jiuzhang suanshu* in der nächstfolgenden Aufgabe beschäftigen? »Angenommen, wir haben ein Feld in Form eines Ringes mit einem inneren Umfang von 92 *bu*, einem äußeren von 122 *bu* und einem Durchmesser von 5 *bu*, wie groß ist das Feld?« Vielleicht ist für manchen die Entdeckung überraschend, dass die bizarren Probleme der Mathematik, ohne jeden Bezug zur Realität, wie sie uns auf der Schulbank geplagt haben, so weit zurückliegende Ursprünge haben.

Weit zurück, nämlich ins 5. Jahrhundert v. Chr., reichen auch die Ursprünge der Frage, die Plutarch zufolge den Philosophen Anaxagoras beschäftigte – den Freund und Lehrmeister des athenischen Staatsmanns Perikles –, angeklagt, weil er die Göttlichkeit der Sonne leugnete, die er als eine rotglühende Kugel betrachtete; und auch der Mond war für ihn keine Gottheit, sondern eine felsige Masse, die nur leuchtet, weil die Sonne sie anstrahlt. Um zu beweisen, dass Glück und Tugend dem Menschen nicht von Ort und Lebensumständen vorenthalten werden, berichtet Plutarch in *De exilio*, dass Anaxagoras seine Zeit im Gefängnis genutzt habe, um sich mit nichts Geringerem als der Quadratur des Kreises zu befassen. Die Suche nach einer Lösung des Problems taucht in Plutarchs Schrift zum ersten Mal auf. Wir erfahren jedoch nicht, ob Anaxagoras glaubte, das Problem gelöst zu haben, oder ob er vielmehr die Schwierigkeit des Unterfangens deutlich machen wollte, auf die er gestoßen war. Nachdem er von Perikles aus dem Gefängnis befreit worden war, wurde er aus Athen verbannt und verbrachte seine letzten Jahre im Exil in Lampsakos, einer griechischen Kolonie an der kleinasiatischen Küste.

Anaxagoras war schon länger als ein Jahrzehnt tot, als im Jahr 414 v. Chr. Aristophanes in seinem Meisterwerk *Die Vögel* den Geometer Meton verspottete, der beladen mit Vermessungsinstrumenten die Bühne betritt und sich rühmt, in ganz Hellas bekannt zu sein und die Quadratur des Kreises zu beherrschen. Peisthetairos, der ihn fragt, was er wolle und wozu alle diese Instrumente gut seien, antwortet er, das seien »Instrumente zur Messung der Luft«, denn alles in allem habe »die Luft die Gestalt eines Herdes. Und deshalb verwende ich das Winkeldreieck und stecke von oben den Zirkel hinein, verstehst du?« Natürlich versteht Peisthetairos nicht, und Meton erklärt es ihm: »Mit dem Winkeldreieck mache ich die Messungen und bekomme so die Quadratur des Kreises.« »Er ist ein Thales!«, ruft Peisthetairos aus. »Hör zu, Meton, ich sage dir, kehre um.« Wieso denn?, fragt sich der. Droht etwa Gefahr? Vielleicht ein Bürgerkrieg? Nein, nichts dergleichen, erwidert Peisthetairos. Aber im Athen von Sokrates und den Sophisten, die mit Sparta im Krieg liegen, »geht es zu wie in Sparta, da machen sie Jagd auf Ausländer«. Nichts Neues unter der Sonne, könnte man sagen. Und außerdem gibt es in der Stadt Ausschreitungen und »setzt es Prügel«. Der arme Meton kommt gar nicht dazu, zu sagen, er wolle verschwinden, da kriegt er von Peisthetairos eine Tracht Prügel, worauf das Publikum in Gelächter ausbricht.

Kurzum, der Mathematiker, der die Quadratur des Kreises hinbekommen will, ist ein armer Teufel, der verhöhnt wird, er versteigt sich zu fantastischen Vorstellungen, verschwendet Zeit mit sinnlosen Tätigkeiten wie beispielsweise, ja genau, der Quadratur des Kreises. Und doch war ein paar Jahrzehnte zuvor nicht nur Anaxagoras in Athen am Werk, sondern zwischen 450 und 430 v. Chr. auch Hippokrates von Chios. Hippokrates war es gelungen, bestimmte mit einem Kreis verbundene gekrümmte Figuren zu quadrieren, die in der bildhaften Sprache der *Liebe zur Mechanik* von Carlo Emilio Gadda »hochtrabend[e] Schaumschlägereien eines gewissen Hippokrates [sind], der, nachdem er einige Lunulae [= Mondsicheln] ausfindig gemacht, behauptete (was noch immer behauptet wird), selbige wären der Fläche des rechtwinkligen Dreiecks gleich, aus dem sie hervorgesprossen«.[1]

Wovon spricht Gadda? Was ist eine *lunula*? Wie das Wort nahelegt, ähnelt sie einer Mondsichel, doch die Abbildung kann uns eine genauere Vorstellung davon geben.

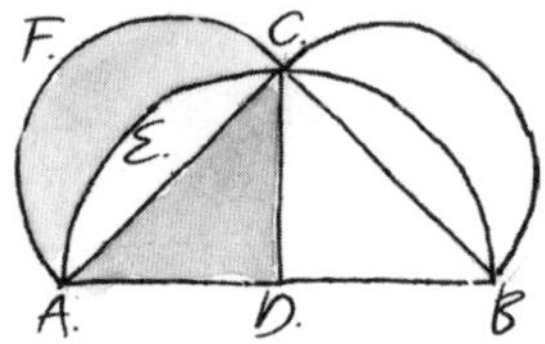

Die *lunula* ist der Bereich zwischen zwei Bogen mit dem Umfang *AFC* und *AEC*. Hippokrates betrachtet das in den Halbkreis einbeschriebene rechtwinklige gleichschenklige Dreieck *ABC* und zeigt, dass die Fläche der *lunula AFCE* gleich der Fläche des Dreiecks *ADC* ist. Als Beweis argumentiert Hippokrates folgendermaßen: Nach dem Satz des Pythagoras weiß man, dass

$$AB^2 = AC^2 + CB^2 = 2AC^2$$

ist, und darauf beruht, dass die Kreise und folglich die Halbkreise untereinander im gleichen Verhältnis wie das Quadrat ihrer Durchmesser stehen. Mit anderen Worten: Man nehme zwei beliebige Kreise. Das Verhältnis zwischen den Flächen der beiden Kreise (oder Halbkreise) ist gleich dem Verhältnis zwischen den Flächen der über den entsprechenden Durchmessern konstruierten Quadrate. Daher folgt aus $AB^2 = 2AC^2$, dass der Halbkreis *ABC* mit dem Durchmesser *AB* das Doppelte des Halbkreises *AFC* mit dem Durchmesser *AC* ist. Aber der Halbkreis *ABC* ist auch das Doppelte des Quadranten *AECD*, das heißt

$$\text{Halbkreis } ABC = 2 \text{ Quadranten } AECD.$$

Folglich ist

$$\text{Halbkreis } AFC = \text{Quadrant } AECD.$$

Jetzt schauen wir die Figur an: Nimmt man vom Halbkreis *AFC* und vom Quadranten *AECD* den gemeinsamen Teil *AEC* weg, was bleibt dann übrig? Auf der einen Seite die Mondsichel, die *lunula AFCE*, auf der anderen das rechtwinklige Dreieck *ADC*, das somit flächengleich mit der *lunula* ist. Hippokrates würde sagen, man habe die Mondsichel »quadriert«. Genau genommen hat man nur die Hälfte der Figur in Betracht gezogen. *AFC* ist nämlich der Halbkreisumfang mit dem Durchmesser *AC*, und man könnte auch den symmetrisch gegenüberliegenden Halbkreis mit dem Durchmesser *BC* in den Blick nehmen und bekäme so die symmetrische Entsprechung der *lunula AFCE*. Demnach gilt, Gadda zufolge, dass diese beiden Mondsicheln zusammengenommen flächengleich mit dem rechtwinkligen Dreieck *ABC* sind, dem sie »entsprangen«.

Von diesen und anderen »gewölbten Drahtseilakten« des Hippokrates spricht Simplikios in seinem Kommentar zur *Physik* von Aristoteles und behauptet, »wörtlich« die *Geschichte der Geometrie* zu zitieren, die von Eudemos von Rhodos verfasst wurde, einem Aristoteles-Schüler, welcher der »Zeit, in der Hippokrates lebte, viel näher war«.

Offenbar haben auch diese beiden das in einen Umkreis mit dem Radius *CD* einbeschriebene regelmäßige Sechseck der nachfolgenden Abbildung unter die Lupe genommen, oder vielmehr seine Hälfte *CEFD*, die in den Halbkreis *CMENFOD* einbeschrieben ist mit den entsprechenden *lunulae* an den Seiten *CE*, *EF*, *FD*, die alle drei identisch sind und auch mit *AB*, dem Radius des Umkreises, sprich, der Hälfte des Durchmessers *CD*. Eudemos berichtet, dass es Hippokrates in einer zum vorigen Fall analogen Vorgehensweise gelungen sei, zu beweisen, dass die Fläche des Trapezes *CEFD* gleich der Summe der drei Mondsicheln plus dem Halbkreis *ALB* ist.

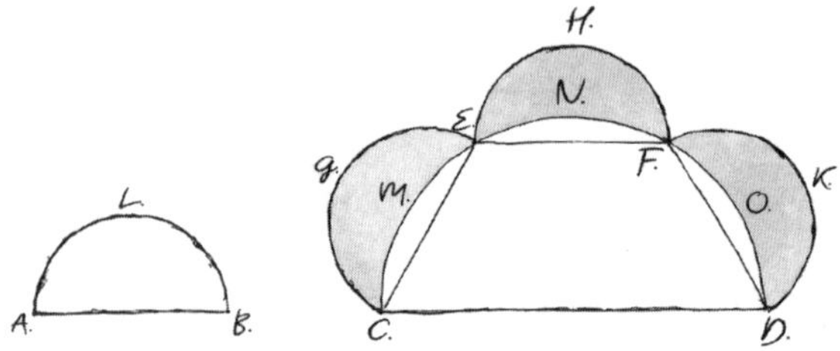

Eudemos zufolge konnte Hippokrates auch die Mondsichel *ABC* der nächsten Abbildung quadrieren, indem er bewies, dass die mit 2 bezeichnete Fläche gleich der Summe der beiden mit 1 bezeichneten ist, sodass die Mondsichel *ABC* die gleiche Oberfläche besitzt wie das rechtwinklige Dreieck *ABC*.

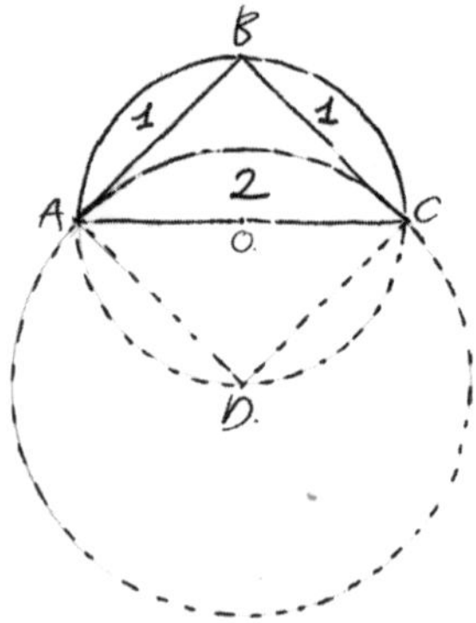

Hingegen ist es im Fall des einbeschriebenen Sechsecks richtig, dass man die Summe der drei Mondsicheln und des Halbkreises quadrieren kann, doch mit der gleichen Methode kann nicht jede einzelne für sich genommen quadriert werden. Ein ähnliches Beispiel wird sich bei Leonardo da Vinci finden auf einer Seite des *Codex Atlanticus* mit folgender Zeichnung:

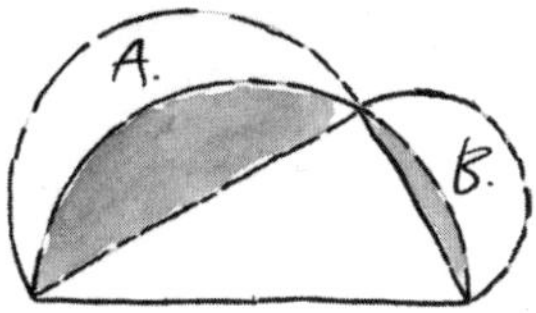

Dazu schreibt Leonardo: »Hier sind die beiden Halbkreise *A*, *B* zusammengenommen immer gleich dem Dritten, aus dem das *ortogonio* gemacht ist.« Wir würden heute sagen: Die Summe der Flächen der beiden über den Katheten konstruierten Halbkreise ist gleich der Fläche des über der Hypotenuse des rechtwinkligen Dreiecks konstruierten, dem *ortogonio* in der Sprache Leonardos, der sinngemäß fortfährt: Werden gleichen Dingen gleiche Dinge entnommen (die fraglichen Teile), bleiben sie sich immer noch gleich. Also ist die Summe der Flächen der beiden *lunulae* gleich der Fläche des rechtwinkligen Dreiecks. Doch auch in diesem Fall sagt das Theorem nichts über die Fläche der einzelnen *lunula* aus.

Es überrascht, dass dieses Ergebnis anscheinend erst um das Jahr 1000 von dem arabischen Mathematiker al-Hasan ibn al-Haitham gefunden wurde, dessen *Traktat über die Figur der lunulae* erst im Jahr 1899 im Abendland übersetzt wurde. Die Schrift konnte also Leonardo kaum in die Hände gelangt sein, dem »Mann ohne Gelehrsamkeit«, der dennoch in Mathematik bewandert war, wie man oft lesen kann, und der sich mit aus Bogen und Kreisen zusammengesetzten Formen wie Hippokrates' Möndchen sowie einer Vielzahl anderer ähnlicher Formen befasste (die Fachleute haben auf einer einzigen Seite des *Codex Atlanticus* 176 Stück gezählt).

Hippokrates durfte auf seine Ergebnisse wahrlich stolz sein. Zum ersten Mal war es jemandem gelungen, die Fläche einer Figur aus ausschließlich gekrümmten Linien exakt zu bestimmen, allein mithilfe von Lineal und Zirkel, um Geraden und Kreise zu ziehen. Und bestimmt hatte er sich gedacht: Wenn man die zwischen zwei Bogen unterschiedlicher Kreiskrümmung gebildete Fläche exakt bestimmen kann – »quadrieren«, wie die Mathematiker sagen –, warum sollte das nicht auch für eine Fläche gelingen, die nur von einem Kreis begrenzt wird, mit anderen Worten, müsste dann nicht auch die Quadratur des Kreises gelingen? Eine durchaus vernünftige Frage, und deshalb hatte er auch weitergeforscht. Es war ihm geglückt, ein paar Mondsicheln zu quadrieren, aber vielleicht hatte er erkannt, dass dies nicht mit allen möglich ist, wie wir im Fall des einbeschriebenen Sechsecks festgestellt haben. Zumindest nicht mit denselben Methoden, die auf den (letztlich nur begrenzt möglichen) Einsatz von Zirkel und Lineal angewiesen sind.

Im Athen des Hippokrates lebte auch der Sophist Hippias aus Elis auf der Peloponnes, dem das Unterfangen anscheinend geglückt ist, indem er sich eine Kurve ausdachte, mit der er einen Winkel in drei gleiche Teile zerlegen konnte (neben der Quadratur des Kreises und der Verdoppelung des Würfels war die Dreiteilung des Winkels das dritte der drei »klassischen« Probleme der Geometrie). Diese Kurve wird auch »Quadratrix« genannt, weil sie vielleicht ihm, mit Sicherheit aber einem gewissen Dinostratos um 350 v. Chr. ermöglichte, den Kreis zu quadrieren, und zwar mit Zirkel und Lineal. Hurra, werden Sie sagen, endlich ist das Problem gelöst! In Wirklichkeit stimmt das nicht, da die Quadratrix des Hippias unendliche Verfahren einbezieht, um ihren Zweck zu erfüllen. Man muss sich dafür also vorstellen, Zirkel und Lineal unendlich oft verwenden zu können, wohingegen die von den Griechen gesuchte Quadratur des Kreises zwar des Zirkels und des Lineals bedarf, jedoch einer *endlichen* Zahl von Operationen. Um einen Näherungswert für das flüchtige und rätselhafte Verhältnis zwischen dem Umfang und dem Radius zu bestimmen, sahen sich die griechischen Mathematiker gezwungen, eine raffinierte Strategie zu erarbeiten, um gerade den Rückgriff auf das Unendliche zu vermeiden.

Im Athen des Sokrates sind die ungelösten Probleme der Quadratur des Kreises für Aristophanes Anlass zu ironischem Kommentar. Doch zur gleichen Zeit wird ein Forschungsthema Mode, das Mathematiker und Philosophen wie die beiden »Kreisquadrierer« reizt, von denen Aristoteles in der *Physik* spricht und die nach dem Vorbild des Hippokrates glauben, die Frage sozusagen auf direktem Weg beantworten zu können. Anstatt sich mit der Suche nach dem Verhältnis zwischen Kreisumfang und -durchmesser abzumühen, was sich als vergeblich und zwecklos erwiesen hatte, sannen sie über regelmäßige Polygone nach, die in einem Kreis ein- und um einen Kreis umbeschrieben waren. Das Ergebnis des Antiphon, Sophist wie Hippias und Gegner von Sokrates, wird von Aristoteles umstandslos mit der Erklärung abgetan, es sei nicht Aufgabe des Geometers, die nicht auf den Prinzipien der Geometrie beruhende Quadratur zu widerlegen, wie sie der Sophist anwendet. Wie argumentiert nun Antiphon? Das erläutert Simplikios in seinem Kommentar zur *Physik*. Er betrachtet ein in einen Kreis einbeschriebenes Quadrat, danach ein durch Halbierung der Seitenlängen entstandenes Achteck, danach das in derselben Weise behandelte regelmäßige Polygon mit 16 Seiten, und »so immer weiter verfahrend, glaubte er am Ende die Oberfläche ausgeschöpft zu haben«.

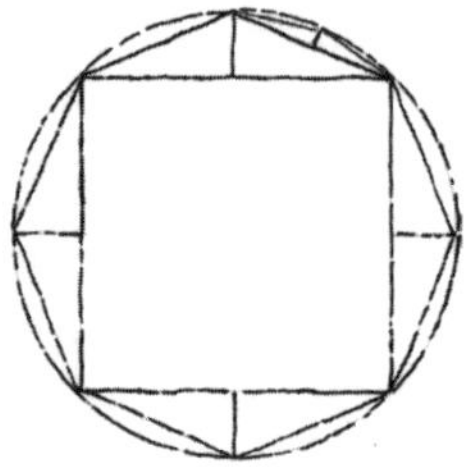

»Ausgeschöpft«? Was meint Simplikios damit? Er will damit sagen, dass dieses unendlich fortgesetzte Verfahren, Antiphon zufolge, schließlich im Kreis zu einem einbeschriebenen Vieleck führt, das aufgrund der Winzigkeit seiner Seiten mit dem Kreisumfang zusammenfällt. Und so wie für ein beliebiges Vieleck ein diesem entsprechendes Quadrat konstruiert werden kann, ist Antiphon der Ansicht, auf diese Weise das Problem der Quadratur des Kreises gelöst zu haben. Doch wie bereits Aristoteles festgestellt hatte, ist es »klar, dass diese Beweisführung im Gegensatz zu den Prinzipien der Geometrie« steht, und Simplikios wiederholt, dass es »grundsätzlich ausgeschlossen ist, dass sich eine Gerade mit einem Kreisbogen deckt«. Und diesem Prinzip widerspricht das Vorgehen Antiphons. Denn gerade und gekrümmt sind unvereinbar, hätten die mittelalterlichen Scholastiker gesagt. Und auch Descartes zufolge sind »die Verhältnisse zwischen geraden und gebogenen Linien unbekannt, und ich glaube, dass der menschliche Geist sie nicht zu entdecken vermag«. Darüber hinaus, fügt Simplikios hinzu, gibt es noch ein anderes Prinzip, das in die Debatte geworfen wird, jenes der unendlichen Teilbarkeit der Größen. Erhöht man nämlich die Zahl der Seiten endlos, kann man die Fläche zwischen den Seiten des Vielecks und die entsprechenden Bogen des Kreisumfangs immer weiter unterteilen, ohne sie jedoch jemals »auszuschöpfen«, wie Antiphon indes behauptet.

Offenbar wurde genau diese Idee von Bryson von Herakleia (5. bis 4. Jahrhundert v. Chr.) aufgegriffen, wie einige Sophisten berichten, unter anderem ein Schüler von Sokrates, der behauptete, man könne den Kreis dadurch quadrieren, dass man ihm ein Vieleck einbeschreibt und ein solches dem Kreis umbeschreibt. Eine Idee, die Aristoteles für »sophistisch« und »irreführend« hält. Durch entsprechend viele Verdoppelungen der Zahl der Seiten der Vielecke, so glaubt Bryson, könne man ein Paar Vielecke, deren Fläche sich um so wenig unterscheidet, dass ein Vieleck der Fläche zwischen den beiden einem Kreis gleichkommt, der ebenfalls die Fläche zwischen dem einbeschriebenen und dem umbeschriebenen Polygon hat. Dabei wird offensichtlich übersehen, dass diese Konstruktion der beiden ineinander übergehenden Polygone endlos über das von ihm gewünschte Vieleckpaar fortgesetzt werden kann. Und es ist Bryson, mit dem Dante im 13. Gesang des *Paradieses* abrechnet und den er zu denen zählt, »die nach Wahrheit fischten und es nicht konnten«, einer der vielen, »die zu forschen gingen, und nicht wussten wo«.[2]

ARCHIMEDES VERMISST DEN KREIS

Ungeachtet des harschen Urteils von Dante erweist sich der Weg, den Antiphon eingeschlagen und Bryson fortgesetzt hat, als keineswegs abwegig und unergiebig. Im Gegenteil: Im 4. Jahrhundert v. Chr. gibt es einen Mann, der ihren Spuren folgt und weiß, wohin es geht. Er heißt Eudoxos von Knidos, und mit seiner Erfindung der sogenannten Exhaustionsmethode verteidigt er die Ergebnisse der Mathematik, die das Unendliche miteinbeziehen, vor der Kritik und den Paradoxa Zenons. Es handelt sich um eine

Näherungsmethode in Einklang mit dem Infinitesimalprinzip, das in eine *reductio ad absurdum* mündet.

Euklid bedient sich dieses Vorgehens in den *Elementen*, um zu beweisen, dass Kreise durch das Quadrat ihrer Durchmesser und Kugeln durch ihren Durchmesser hoch 3 bestimmt sind. Um das erste jener Theoreme zu beweisen, betrachtet Euklid, in Anlehnung an das Verfahren von Antiphon, eine wachsende Folge in einen Kreis einbeschriebener regelmäßiger Polygone mit 4, 6, 18 … Seiten und zeigt dann, dass mit zunehmender Anzahl der Seiten die Polygone sich immer mehr der Kreisform nähern (es bleiben Abweichungen, weil die Fläche der im Kreis einbeschriebenen Polygone immer kleiner bleibt als die des Kreises). Denn wenn die Anzahl der Seiten unendlich groß wird, kann der Unterschied zwischen Kreis und Polygon kleiner werden als irgendeine gegebene Fläche. Und dies ist der entscheidende Schritt, der aus Antiphons Vorgehen folgt.

Die von Eudoxos entwickelte Methode ermöglicht Archimedes (3. Jahrhundert v. Chr.), die Fläche des Kreises zu messen und zu einer ziemlich genauen Schätzung jenes schwer fassbaren Verhältnisses zwischen Kreisumfang und -durchmesser zu gelangen, dem die Mathematiker jahrhundertelang vergeblich auf der Spur waren. In seiner Schrift *Die Kreismessung* weist der große Syrakuser nach, dass jeder Kreis einem rechtwinkligen Dreieck entspricht, dessen eine Kathete gleich dem Umfang und dessen andere Kathete gleich dem Radius ist. Und das gilt für jeden Kreis. Nehmen wir einen Kreis *K*, gleich ob groß oder klein: Das rechtwinklige Dreieck *D*, dessen Katheten gleich dem Umfang beziehungsweise dem Radius unseres Kreises sind, hat die gleiche Fläche wie der Kreis. Dies versichert Archimedes mit einem Theorem, das – wie es auch Euklid tut – im Zirkelschluss beweist, dass der Kreis *K* unmöglich größer sein kann als das Dreieck *D* und unmöglich kleiner als dieses. Daraus folgt, dass der Kreis notwendigerweise gleich dem Dreieck sein muss, $K = D$. *Tertium non datur*, hätten die Lateiner gefolgert. Eine andere Möglichkeit gibt es nicht. Und – sind Sie etwa nicht überzeugt?

Dann nehmen wir mit Archimedes zunächst einmal an, der Kreis K wäre größer als das Dreieck D, also $K > D$. Dann greifen wir auf das von Antiphon eingeführte Verfahren zurück, betrachten das in den Kreis einbeschriebene Quadrat, dann das regelmäßige Achteck, das Sechzehneck und so weiter, eben die Abfolge der durch stetige Verdoppelung der Seiten gewonnenen Polygone. Das setzen wir so lange fort, bis wir für ein Polygon P die Summe der übrig gebliebenen Kreissegmente erhalten, also der Stellen zwischen dem Polygon P und dem Kreis kleiner als $K - D$, das heißt $K - P < K - D$, woraus $P > D$ folgt. Doch das ist unsinnig, weil jedes Polygon P einem Dreieck entspricht, das als Basis den Umfang von P hat (kleiner als der Kreisumfang, der eine Kathete des rechtwinkligen Dreiecks D ist) und dessen Höhe eine Strecke kleiner als der Radius ist (der hingegen die Höhe von D ist). Analog dazu können wir, im Rückgriff auf die dem Kreis umbeschriebenen Polygone, beweisen, dass unmöglich $K < D$ ist. Damit ist bewiesen, dass der Kreis K und das rechtwinklige Dreieck D dieselbe Fläche haben.

Wer jedoch glaubt, das Problem der Quadratur des Kreises mit Archimedes' Hilfe gelöst zu haben, hat sich getäuscht. Leider gibt es keinen Grund zum Jubeln. Versuchen wir einmal zu verstehen, was der syrakusische Mathematiker uns gelehrt hat. Mit einer Konstruktion allein mithilfe von Zirkel und Lineal, die *endliche* Male durchgeführt wird, hat er uns gezeigt, was der Fläche eines Kreises gleichkommt. Er hat demonstriert, dass ein Kreis einem rechtwinkligen Dreieck entspricht, und das ist ein großer Schritt in Richtung der Lösung des Problems.

Allerdings bleibt das größte Hindernis noch zu überwinden:

Wir kennen noch nicht den Wert der Kathete des Dreiecks *D*, also die Länge des Kreisumfangs, weil die Konstante des Verhältnisses zwischen dem Umfang eines Kreises und seinem Durchmesser uns immer noch unbekannt ist. Archimedes macht daraus ein neues Theorem: Der Umfang jedes Kreises ist das Dreifache seines Durchmessers und überschreitet ihn um weniger als ein Siebtel und um mehr als zehn Siebzigstel des Durchmessers selbst. Archimedes behauptet also, dass bei bekanntem Durchmesser d eines Kreises sein Umfang K zwischen diesen beiden Werten liegt, das heißt $(3 + \frac{10}{71})\, d < K < (3 + \frac{10}{70})\, d$. Er behauptet es nicht nur, sondern beweist es, indem er Brysons Vermutung konsequent bestätigt. Archimedes beginnt mit einem Paar regelmäßiger Sechsecke, die er einem Kreis um- beziehungsweise einbeschreibt, und verdoppelt die Zahl ihrer Seiten, bis er regelmäßige Vielecke mit 96 Seiten hat ($6 \times 2 = 12$; $12 \times 2 = 24$; $24 \times 2 = 48$; $48 \times 2 = 96$). Der Umfang der einbeschriebenen Polygone ist annähernd so groß wie der Kreisumfang, der Umfang der umbeschriebenen Polygone ist etwas größer als der Kreisumfang. Von diesem Ergebnis leitet er ein weiteres Theorem ab, nach dem die Fläche des Kreises zum Quadrat des Durchmessers (ungefähr) im Verhältnis 11 zu 14 steht.

Archimedes ist es gelungen, anhand einer endlichen Zahl von Geraden und Kreisen (also nur mit Zirkel und Lineal konstruiert) eine angenäherte Schätzung der Länge des Kreisumfangs zu liefern. Doch die exakte Bestimmung der Konstante, die das Verhältnis zwischen Kreisumfang und Durchmesser angibt, bleibt eine offene Frage. Es wird noch Jahrhunderte bis zum Eintreffen des schicksalhaften Augenblicks dauern, an dem die Mathematiker das Wesen jener geheimnisvollen und schwer fassbaren Zahl aufdecken werden!

Im Sizilien gegenüberliegenden Teil der Welt und unabhängig von Archimedes wird seine Methode der Betrachtung einbeschriebener (doch nicht umbeschriebener) Vielecke von Liu Hui (263 n. Chr.) angewandt, wobei er in einen Umkreis ein regelmäßiges Vieleck mit 3072 Seiten setzt und herausfindet, dass die Länge des Umkreises 3,14159 Mal den Durchmesser beträgt. Im gleichen Sinn präsentiert der chinesische Mathematiker Zu Chongzhi (auch Tsu Chung-Chi) im 5. Jahrhundert n. Chr. in der verloren gegangenen Schrift *Zhui shu* (*Methode der Interpolation*) eine bemerkenswerte Annäherung an das Verhältnis zwischen Umfang und Durchmesser des Kreises. Kenntnis hiervon überliefert im 7. Jahrhundert n. Chr. Li Chunfeng in der *Sui-shu*, der Geschichte der Sui-Dynastie; dort wird Zu Chongzhi eine recht genaue Berechnungsmethode zugeschrieben: Bei einem gegebenen Kreis mit dem Durchmesser 10 000 *chang* fand der chinesische Mathematiker heraus, dass der Umfang dieses Kreises kleiner ist als 31 415 927 *chang* und größer als 31 415 926 *chang*. Aus diesem Ergebnis schloss er, dass ein exakter Wert des Kreisumfangs zwischen diesen beiden Werten liegen muss. So genau wurde im Abendland erst Jahrhunderte später gemessen.

Nunmehr war es nur noch eine Frage von Geduld und Rechenarbeit, dass mit der von Archimedes gezeigten Methode immer genauere Schätzungen gefunden wurden. Gleichwohl hätte niemand sagen können, ob die Quadratur des Kreises mit Zirkel und Lineal gelingen könnte oder welches das wahre Wesen der Konstante ist, die die Beziehung zwischen Kreisumfang und Durchmesser beschreibt, jene schwer zu fassende Zahl, die weder Archimedes noch die chinesischen Mathematiker und Jahrhunderte später auch nicht der Deutsche Ludolph van Ceulen zu bestimmen vermochten.

In der zweiten Hälfte des 16. Jahrhunderts mühte sich van Ceulen ein Leben lang beharrlich, diese Zahl zu finden, bis er anhand regelmäßiger Vielecke mit der astronomischen Zahl von 2^{62} Seiten nach »endlosen Rechnereien«, wie Jean-Baptiste Le Rond d'Alembert in der *Encyclopédie* schreibt, feststellen konnte, dass bei einem angenommenen Durchmesser 1 der Umkreis größer ist als 3,141492 65358979323846264338387950288 – eine Zahl mit fünfunddreißig Dezimalen! –, jedoch kleiner als die Zahl, die herauskommt, wenn man statt der 8 als letzter Ziffer die 9 einsetzt. Der Abstand, in dem der Wert jener Konstante schwanken kann, ist also unvorstellbar klein! Voller Stolz auf sein Ergebnis ließ van Ceulen die Zahl mit den fünfunddreißig Stellen auf seinem Grabstein eingravieren, zum ewigen Gedenken an seine beeindruckenden Rechenleistungen. Doch es war nur ein kurzlebiger Ruhm. Bereits am Ende des 17. Jahrhunderts waren weitere siebzig Stellen hinter dem Komma gefunden worden, was freilich nichts ist im Vergleich zu den Milliarden Dezimalstellen, die moderne Computer ausspucken.

AUF DER SUCHE NACH DER »WAHREN« QUADRATUR

Wie man an den Mühen des Herrn van Ceulen sehen kann, hat auch Jahrhunderte nach Archimedes die Quadratur des Kreises nichts von ihrer Faszination verloren. Ganz im Gegenteil, im letzten Gesang des *Paradieses* vergleicht Dante, dem es nicht gelingt, in das Mysterium der göttlichen Dreieinigkeit vorzudringen, das sich vor seinem Auge offenbart, damit sein Unvermögen, das eigene Scheitern zu beschreiben: »dem Rechner gleich, der seine Kräfte sammelt, um einen Kreis zu messen, und's nicht findet, und auf den Lehrsatz sinnt, der nötig wäre«.[3] Dante war sich der Schwierigkeit, wenn nicht der Unlösbarkeit des Problems wohl bewusst, wie er im *Gastmahl* bekennt: »… der Kreis lässt sich wegen seines Bogens unmöglich quadrieren.«[4]

Trotz dieser weitverbreiteten Erkenntnis bemühte man sich mehr denn je um eine Lösung. Allerdings »haben die meisten derjenigen, die sich mit diesem Problem befassen, kaum eine klare Vorstellung von der Frage und den Mitteln, die dorthin führen«, klagt Jean-Étienne Montucla in der *Histoire des recherches sur la quadrature du cercle* (1754).[5] Zu diesen Hobbymathematikern zählt er auch den berühmten Kardinal und Philosophen Nikolaus von Kues, der sich mit dem Vorhaben in einigen Schriften auseinandersetzt, die der Mathematiker Regiomontano scharf kritisiert. Er bezeichnet den Kardinal als »lächerlichen Geometer, der es Archimedes gleichtun will«, und lobt zugleich Montucla, weil er die Ideen von Kues abgelehnt hat für seine Zurückweisung der Ideen des Kardinals, der »sich durchgesetzt hätte, wenn sich überhaupt einer gegen die Geometer durchsetzen könnte«.

Im *Dialogus de quadratura circuli secundum Nicolaum Cusensem* (1464) schlüpft Regiomontano in die Haut des fiktiven Mathematikers Crizia, um sich mit Aristopheles, einem ebenfalls fiktiven Schüler und Bewunderer von Nikolaus von Kues, auseinanderzusetzen. Als Crizia den Schüler befragt, erinnert sich dieser nicht mehr genau an die Argumentation des Meisters, im Gegenteil. Als er sich völlig sicher zu sein schien, gesteht er, seien ihm Bedenken gekommen: »Es ist wie bei einem Aal: je mehr man ihn mit den Händen packt, desto leichter entwischt er.« Aber um welche Art Argument geht es? Ist es eine mathematische Beweisführung oder etwas ganz anderes? Diese Frage stellt Crizia seinem Schüler. Und als Aristopheles erklärt, es gehe wohl doch nicht um Mathematik, verliert Crizia die Geduld: »Du vergeudest also bloß meine Zeit mit einer Schlussfolgerung ohne Beweis.«

Regiomontano unterscheidet klar zwischen gerade und gekrümmt – im Gegensatz zu dem, was Nikolaus von Kues mit seiner *coincidentia oppositorum*, der Übereinstimmung der Gegensätze, in

De docta ignorantia (1440) behauptet, wo er das Unendliche mit dem Endlichen gleichsetzt – und er stellt nicht fest, dass der Umfang eines Kreises eine rationale Linie ist, das heißt, dass seine Länge ein Vielfaches seines Durchmessers entsprechend einer rationalen Zahl ist.

Noch weiter vor wagt sich der Mathematiker Michael Stifel, Professor in Wittenberg, Freund Luthers und Kollege von Philipp Melanchthon, dem *praeceptor Germaniae*, der das Vorwort zu Stifels *Arithmetica integra* (1544) verfasst. Im Anhang, der der Quadratur des Kreises gewidmet ist, weist Stifel künftige Kreisquadrierer darauf hin, dass zwischen einem mit Zirkel und Lineal konstruierten Kreis und einem »mathematischen Kreis« zu unterscheiden ist. Seit den Zeiten von Thales und Pythagoras wissen wir, dass der geometrisch konstruierte Kreis nur ein annäherungsweises Abbild des »mathematischen« Kreises ist, dass Ersterer empirisch »quadrierbar« und beim Zweiten die Frage offen ist, und sie ist es, die interessiert. »Zu Recht wird der mathematische Kreis als Vieleck mit unendlich vielen Seiten beschrieben«, stellt Stifel fest, um gleich danach zu behaupten, dass der Umfang eines solchen Kreises »weder ein rationales noch ein irrationales Verhältnis zu seinem Durchmesser hat«.[6]

Da ist also nichts zu machen. Man müsse laut Stifel einfach zur Kenntnis nehmen, dass die Quadratur des Kreises die Fähigkeit des Menschen, Berechnungen anzustellen, übersteigt. Ein Kreis stünde in irgendeiner Beziehung zu seiner Quadratur, wenn man das Verhältnis zwischen Umfang und Durchmesser kennen könnte. Da dies aber nicht der Fall sei, so schlussfolgert Stifel, »bemühen sich alle vergeblich, die sich mit Rechnungen quälen, um die Quadratur des Kreises zu finden, wie und mit welchen Mitteln auch immer«.[7] Ist die Sache damit abgeschlossen? Keineswegs. Es kündigt sich sogar eine neue Phase der Forschungen an. Wir nähern uns dem schicksalhaften Augenblick.

Ein Kreisumfang ist ein Polygon mit unendlich vielen Seiten, sagt Stifel. Johannes Kepler nimmt ihn beim Wort in seinem *Supplementum ad Archimedem* (1615). Wenn das richtig ist, kann man das archimedische Theorem der Quadratur des Kreises auf direktem Weg beweisen. Die unendlichen Punkte des Kreisumfangs können als Basen unendlich vieler gleichschenkliger Dreiecke mit den Seitenlängen gleich dem Kreisradius gedacht werden, sodass der Kreis aus unendlich vielen solcher Dreiecke besteht, deren Spitzen alle zum Kreismittelpunkt zeigen: Dies ist der kühne Gedanke, den Kepler im *Supplementum* vorstellt und womit er die Phase der zunehmend waghalsigen und selbstbewussten Anwendung infiniter Verfahren bei dieser Art Forschung einleitet.

Dabei fehlt es freilich nicht an Dilettanten wie dem Philosophen Thomas Hobbes, der ein ganzes Kapitel seiner Abhandlung *De corpore* (1655) einer vermeintlichen Quadratur des Kreises widmet. Als er auf einen Irrtum hingewiesen wird, lässt er noch während des Drucks den Titel des fraglichen Kapitels ändern in: *Über eine falsche Hypothese, eine falsche Quadratur*. Damit nicht zufrieden, nimmt er noch zwei neue Beweise auf (beide irrig), und er räumt selbst ein, dass der Erste eine »annäherungsweise Quadratur« sei, der andere von »problematischer Genauigkeit«.

Die Irrtümer aufzudecken übernimmt John Wallis, ein Mathematiker aus Oxford. In seiner *Arithmetica infinitorum*, die ein Jahr nach Hobbes' Schrift erscheint, erklärt er, Hobbes habe rein gar nichts bewiesen, weil »sein Buch so voller höchst peinlicher Widersprüche [ist], dass man kaum etwas Vernünftiges darin findet«. Er selbst sammelte und veröffentlichte eine Liste von Irrtümern und Widersprüchen in den angeblichen Quadraturen, aus denen man »unschwer ersehen kann, dass der Autor keiner ist, von dem man erwarten kann, er würde Geheimnisse lüften«, schon gar nicht das der Quadratur des Kreises. Dies ist der Beginn einer endlosen

Fehde zwischen den beiden, die erst mit Hobbes' Tod ein Ende findet. Montucla sagt in seiner *Histoire*, Hobbes habe sich nicht gescheut, sich vor den anderen Kreisquadrierern lächerlich zu machen, und darin die ganze Schar seiner Vorgänger noch übertroffen.[8]

Zu denen, die sich rühmen, das leidige Problem gelöst zu haben, gehört auch Abt Grégoire de Saint-Vincent, Autor eines imposanten *Opus geometricum quadraturae circuli et sectionum coni* (1647) von über tausend Seiten, das Descartes als mittelmäßiges und konfuses Werk abtut. Andererseits ist auch der Philosoph der *Méthode*, wie die Philosophen der Antike, der Überzeugung, dass »die Verhältnisse zwischen geraden und gebogenen Linien unbekannt [sind], und ich glaube, dass der menschliche Geist sie nicht zu entdecken vermag und deswegen keine auf solchen Beziehungen beruhende Folgerung als schlüssig und exakt anerkannt werden kann«.

Wallis schreibt seinerseits auf den ersten Seiten seiner *Arithmetica infinitorum*, er sei »stets eher geneigt, zu glauben, was ich von Beginn an erhofft hatte, dass das Verhältnis [zwischen Umfang und Durchmesser] dergestalt wäre, dass es nicht von irgendeinem bis jetzt bekannten Ausdruck bestimmt werden kann, nicht einmal von tauben Zahlen, sodass vielleicht nötig ist, eine neue Art Ausdruck einzuführen«, wobei für Wallis die »tauben« die irrationalen Zahlen sind. Und ebendies macht er dann selbst und findet in einem wahren Geniestreich jene »neue Art Ausdruck«. Die seit Jahrhunderten gesuchte Konstante, die Zahl, die noch keiner kennt, nicht einmal Wallis, und die bezeichnenderweise mit einem winzigen Quadrätchen angezeigt wird, ist zwischen diesen beiden Ausdrücken eingeschlossen:

$$\frac{(3\times3\times5\times5\times7\times7\ldots13\times13)}{(2\times4\times4\times6\times6\times8\times8\ldots14\times14)}\times\sqrt{\left(1+\frac{1}{14}\right)} \quad \text{und} \quad \frac{(3\times3\times5\times5\times7\times7\ldots13\times13)}{(2\times4\times4\times6\times6\times8\times8\ldots14\times14)}\times\sqrt{\left(1+\frac{1}{13}\right)}$$

Im gleichen Sinne vertritt James Gregory, dabei Archimedes folgend, in seinem Werk *Vera circuli et hyperbolae quadratura* (1667) die Auffassung, dass die Quadratur in finiten Begriffen für jene Figuren und besonders für den Kreis unmöglich sei. Er ist nicht der Einzige, der so denkt, bemerkt Montucla in seiner *Histoire*. Viele andere vor und nach ihm waren derselben Meinung, und auch wenn ihre Überzeugungen nicht auf einem vollständigen Beweis beruhen, weisen sie doch »eine Wahrscheinlichkeit auf, die an Gewissheit grenzt«. Im Jahr 1682 befasst sich auch Leibniz in der Abhandlung *De vera proportione circuli ad quadratum circumscriptum in numeris rationalibus* mit der »wahren« Quadratur des Kreises. Die »arithmetische« Quadratur des Kreises, die Leibniz herausgefunden hat, wird in der unendlichen Reihe so dargestellt:

$$1-\frac{1}{3}+\frac{1}{5}+\frac{1}{7}+\ldots$$

Die Reihe nähert sich $\pi/4$, um das Symbol π zu verwenden, das Euler einführen wird. Leibniz veranschaulicht seine Quadratur mit einer Zeichnung, die auf der einen Seite ein schlichtes Quadrat einem Kreis auf der anderen Seite gegenüberstellt und keiner Erläuterung bedarf.

Was ist das Besondere an diesem Ergebnis, das, nach der maßgeblichen Meinung von Christiaan Huygens, dem bedeutendsten Mathematiker der damaligen Zeit, »von den Geometern immer gefeiert werden wird«? Hier ist es zu sehen, es liegt offen zutage. Dank Leibniz hat die Konstante zwischen Kreisumfang und Radius – die sich jahrhundertelang den Bemühungen der Mathematiker widersetzt hatte, welche auf der Suche danach sie allenfalls in immer kleinere Intervalle zwingen konnten – endlich einen numerischen Ausdruck gefunden. Natürlich besteht sie aus einer unendlichen Summe von Termen, die sich im Übrigen sehr langsam einander annähern, das heißt, man muss eine Vielzahl von Termen addieren, um eine gute Annäherung an π zu finden. Halb so schlimm. In der Tat dient die Kenntnis einer großen Zahl Dezimalstellen von π, nach den Worten des amerikanischen Mathematikers und Astronomen Simon Newcomb, keinem unmittelbar praktischen Zweck. »Zehn Dezimalstellen reichen aus, um den Erdumfang auf den Bruchteil eines Zolls genau anzugeben, und dreißig Stellen hinter dem Komma würden den Umfang des sichtbaren Universums mit einem Fehler ergeben, der auch mit dem stärksten Mikroskop nicht wahrnehmbar wäre.«

DAS WESEN DER KREISZAHL

»Was fehlt also den Künsten und eben auch der Geometrie, solange es die absolute Quadratur des Kreises nicht gibt?«, fragt sich Montucla in seiner *Histoire*.[9] »Gar nichts«, ist seine Antwort. Die Forschungen der Mathematiker haben uns das Verhältnis zwischen Kreis und Figuren mit geraden Seitenlinien mit so ungeheurer Annäherung nahegebracht, dass nichts zu wünschen übrig bleibt. Wozu sich dann also in einem »für den menschlichen Geist öden Wissen« verausgaben, das sich wahrscheinlich in höchst komplizierte Berechnungen verstrickt?[10] Um die Kreisquadrierer von ihrem diesbezüglichen Vorhaben abzuhalten, lässt im Jahr 1775 die Pariser Akademie der Wissenschaften von Paris wissen, dass ihre Arbeiten künftig gar nicht mehr angenommen würden. Im Übrigen lege die Geometrie heutzutage eine Menge wesentlich interessanterer Forschungen vor, hatte Pierre-Louis Moreau de Maupertuis, der Präsident der Berliner Akademie, in seinem *Brief über den Fortschritt der Wissenschaften* (1752) verkündet.

Und schon ein paar Jahre später präsentiert im Jahr 1768 der Mathematiker Johann Heinrich Lambert ebendieser Akademie ein historisches Ergebnis: π ist eine irrationale Zahl! Solche Zahlen sind uns schon einmal begegnet: $\sqrt{2}$ und φ, die goldene Zahl, sind Beispiele dafür. Haben sich demnach Regiomontano, Stifel und mit ihnen alle Mathematiker geirrt, die behaupteten, das Verhältnis zwischen Umfang und Durchmesser sei keine »taube«, also irrationale Zahl? Nein, in gewissem Sinne war ihre Vermutung richtig. Aber, wird man fragen, wie kann das sein? Hat Lambert nicht bewiesen, dass π eine irrationale Zahl ist? Doch, aber wir werden sehen, dass die irrationalen Zahlen sozusagen nicht alle von der gleichen Sorte sind.

Es fehlt nur noch ein Schritt, allerdings dauert es noch über hundert Jahre, bis der schicksalhafte Augenblick gekommen ist, in dem ein jahrhundertealtes Geheimnis gelüftet wird. In diesem langen Zeitraum ist π in immer neue Bereiche eingedrungen. Man versteht, dass π in Formeln auftaucht, die, so abstrakt sie auch sind, mit periodisch wiederkehrenden Phänomenen zu tun haben, aber es überrascht doch, dass die Kreiszahl Bereiche erobert hat, die auf den ersten Blick fernab der Geometrie des Kreises liegen, wie zum Beispiel die Wahrscheinlichkeitsrechnung und die Statistik. Damit begonnen hat im Jahr 1777 der Comte de Buffon mit einer seltsamen Frage: Wie wahrscheinlich ist es, dass eine Nadel gegebener Länge L, die wahllos auf eine ebene Fläche geworfen wird, auf der parallele Geraden in einem Abstand a, der größer ist als die Länge L, gezogen sind, eine der Geraden schneidet? Die überraschende Antwort: Die Wahrscheinlichkeit hängt von π ab und ist gleich $2L/\pi a$. Und diese Zahl erscheint beispielsweise auch in der Gleichung der Gauß'schen Glockenkurve, der »Fehlerkurve«, die der Mathematiker in die Erforschung der Bewegung der Himmelskörper eingeführt hat und die eine entscheidende Rolle in der Wahrscheinlichkeitsrechnung und der Statistik spielt.

Aber die Allgegenwart dieser Zahl hat nicht geholfen, ihre geheimnisvolle Natur zu enträtseln. Immerhin haben die Mathematiker in diesem langen Zeitraum erkannt, dass die irrationalen Zahlen unendlich viele Zahlen umfassen, die Wurzeln aus polynomischen Gleichungen mit ganzen Koeffizienten (wie z. B. $10x^2 + 5x + 2 = 0$) sind, etwa $\sqrt{2}$ und φ, die sie »algebraisch« nennen, sowie eine zweite unendlich große Menge an Zahlen, die überhaupt keine derartige Gleichung erfüllen. Obwohl unendlich, gibt es algebraische Zahlen »nur« so viele wie die natürlichen Zahlen 1, 2, 3 … Überrascht? Und doch ist es so. Dies ist ein Theorem, das unter Rückgriff auf Robinson Crusoes Methode, die Tage zu zählen, schlüssig bewiesen wurde, wobei eine eineindeutige Entsprechung der beiden Zahlenmengen etabliert wird.

Und wie viele der irrationalen, nicht algebraischen Zahlen, die »transzendent« genannt werden, gibt es? Ihre Unendlichkeit ist viel »größer«! Das haben die Mathematiker schon bewiesen, als sie gerade eine einzige solche Zahl kannten. Doch dann verkündet im Jahr 1882 der deutsche Mathematiker Ferdinand von Lindemann seine außerordentliche Entdeckung: π ist eine irrationale transzendente Zahl! Sie erfüllt also überhaupt keine Gleichung. Das Rätsel, das den Mathematikern über zweitausend Jahre lang Kopfzerbrechen bereitet hatte, war schließlich doch gelöst.

Leopold Kronecker, der bedeutende Berliner Mathematiker, der nicht an die »größeren« Unendlichen der Unendlichkeit der natürlichen Zahlen glaubte, fegte Lindemanns Beweis in einem öffentlichen Vortrag kurzerhand vom Tisch: Es sei eine nette mathematische Fingerübung, die jedoch überhaupt nichts beweise, da es keine transzendenten Zahlen gebe. Und wieso beweist das nichts? Innerhalb der Mathematikerzunft steht Kroneckers Auffassung isoliert da. Die Tatsache, dass »die Leute diesem Transzendenz-Beweis gegenüber gleichgültig blieben, bedeutet, dass wir abgestumpft sind«, schreibt Simone Weil in einem Briefentwurf an den Bruder André.

Was hat nun Lindemann tatsächlich bewiesen? Mit seiner brillanten Arbeit hat er »nur« gezeigt, dass die Quadratur des Kreises (oder die Rektifikation des Kreisumfangs) unmöglich ist, wenn sie den in Euklids *Elementen* festgeschriebenen Anforderungen genügen sollen; also mit Lineal und Zirkel (eine endliche Anzahl von Malen). In diesem schicksalhaften Augenblick beendet Lindemann eine tausendjährige Geschichte und eröffnet eine neue Ära der Mathematik, die von dem Wissen geprägt ist, dass jene geheimnisvolle Zahl, der die Mathematiker jahrhundertelang vergeblich hinterhergejagt waren und die sie mit einem Symbol bezeichneten, weil sie ihren Wert nicht kannten, schließlich ihre verborgene Natur preisgab, die sich dem Bereich der elementaren algebraischen Rechenverfahren entzieht. Das Wesen der transzendenten Zahl, die durch ihre Allgegenwart »das mechanische Universum regiert«, so der gelungene Ausdruck des Dichters und Ingenieurs Leonardo Sinisgalli. Und wie wir sahen, nicht nur das mechanische.

Den Mathematikern war dies nun klar, doch anscheinend verlor sich die Information, nachdem sie den Atlantik überquert hatte, in den Weiten der amerikanischen Prärien, wenn noch in den letzten Jahren des 19. Jahrhunderts der Senat von Indiana ernsthaft eine Gesetzesvorlage in Erwägung ziehen konnte, die anstelle von π »eine neue mathematische Wahrheit« einführte, vorgeschlagen von einem gewissen Doktor Goodwin, der angab, er habe »auf übernatürlichem Wege« von der exakten Kreismessung erfahren. Ein Senator erklärte dann doch die Sache für völlig abwegig, und am Ende wurde der Vorschlag nicht gebilligt, sondern auf unbestimmte Zeit vertagt, weil man der Ansicht war, das Thema sei nicht durch legislative Maßnahmen zu regeln.

Ähnlich exzentrisch, wenn auch weniger einschneidend, was die möglichen Folgen für die öffentlichen Finanzen betrifft, ist das Vorhaben, das im Jahr 1995 Michael Keith umsetzte: Er überarbeitete ein Gedicht von Edgar Allan Poe (*Der Rabe*) so, dass die Zahl der Buchstaben jedes Wortes von den Ziffern der Zahl π bestimmt wurde, und er schaffte es für die ersten 740 Dezimalstellen! Ein Meisterstück, würdig einer Mitgliedschaft in der elitären Gruppe Oulipo (»*L'Ouvroir de Littérature Potentielle*«).

Aber gewiss noch faszinierender und spannender ist die Prosa Umberto Ecos, wenn er die arkane Natur von π beschwört: »Die Kugel, frei schwebend am Ende eines langen metallischen Fadens, der hoch in der Wölbung des Chores befestigt war, beschrieb ihre weiten konstanten Schwingungen mit majestätischer Isochronie«, schreibt er zu Beginn des *Foucaultschen Pendels*. Und er fährt fort: »Ich wusste – doch jeder hätte es spüren müssen im Zauber dieses ruhigen Atems –, dass die Periode geregelt wurde durch das Verhältnis der Quadratwurzel aus der Länge des Fadens zu jener Zahl π, die, irrational für die irdischen Geister, in göttlicher Ratio unweigerlich den Umfang mit einem Durchmesser eines jeden möglichen Kreises verbindet, dergestalt, dass die Zeit dieses Schweifens einer Kugel von einem Pol zum andern das Ergebnis einer geheimen Verschwörung der zeitlosesten aller Maße war, der Einheit des Aufhängepunktes, der Zweiheit einer abstrakten Dimension, der Dreizahl von π, des geheimen Vierecks der Wurzel und der Perfektion des Kreises.«[11]

Was nun folgt, ist eine Geschichte von Geheimnis und Betrug, von Herausforderungen und Zweikämpfen zwischen herausragenden Mathematikern, die sich vor fünfhundert Jahren abspielte, im schicksalhaften Augenblick der Einführung unmöglicher Zahlen, die nur in der Vorstellung existieren. Ins Leben gerufen, um die kniffligsten Fälle bestimmter Gleichungen zu lösen, erweisen sich jene Zahlen als das Instrumentarium, mit dem die Natur operiert.

Die imaginären Zahlen

EINE GESCHICHTE VON GEHEIMNIS UND VERRAT

In den Sechzigerjahren des vorigen Jahrhunderts ging in den Kreisen der Quantenphysiker das Gerücht um, die bedeutendste Entdeckung der vergangenen Jahre in der Physik seien die komplexen Zahlen. So erinnert sich ein Zeitzeuge, der bedeutende Mathematiker Yuri Manin, einer der Ersten, die sich vorstellen konnten, eines Tages einen Quantencomputer zu konstruieren. Der Leser fragt sich vielleicht: Was soll das hier? Was hat das mit unserem Thema zu tun? Es ist verständlich, dass einen diese Nachricht kalt lässt, wenn man unter komplex einfach kompliziert versteht und denkt, die komplexen Zahlen seien nur komplizierter als die, mit denen man üblicherweise umgeht. Manin erzählt diese Geschichte im Zusammenhang mit einer Idee, die die Basis einer grundlegenden Theorie der Physik der Zukunft sein sollte, und er glaubt, dass jene »verrückte« Idee kommen wird, wenn man erkennt, dass für die Physik wesentliche Dinge eine mathematische Form haben, die früher nicht mit der Realität in Verbindung gebracht wurde.

Es mag überraschen, dass Zahlen, wie kompliziert man sich diese auch vorstellen mag, als eine Entdeckung, ja geradezu als »die bedeutendste« in der Physik, bezeichnet werden. Bestimmt ist aber noch überraschender, dass jene Zahlen schon seit Jahrhunderten in den Berechnungen der Mathematiker aufgetaucht sind, die sie sogar »imaginär« nannten, um zu betonen, wie weit sie von der Realität entfernt waren. All dies ereignete sich in einem weit zurückliegenden Augenblick, auf dem Höhepunkt einer Geschichte von Geheimnis und Verrat, von Herausforderungen und Zweikämpfen in bester pikaresker Tradition. »Eine Geschichte, in die die klügsten Köpfe verstrickt sind: Es ist gewiss die verworrenste und mühseligste Forscherleistung, die das Denken in unserem 16. Jahrhundert vollbrachte«, bemerkt im Jahr 1935 Leonardo Sinisgalli in einer Notiz.

Die Protagonisten dieser verworrenen Geschichte tragen außergewöhnliche Züge, weit entfernt vom Bild des Mathematikers, der heutzutage Konferenzen, Universitätssäle oder Rechenzentren frequentiert. Einer von ihnen ist ein bekannter Mann aus Brescia mit dem Spitznamen Tartaglia, der Stotterer. Auf diesen Beinamen war er so stolz, dass er seine Schriften zusätzlich zu seinem richtigen Namen, Nicolò, damit unterzeichnete, zur ewigen Erinnerung an den dramatischen Vorfall, der ihm diesen Spitznamen eingebracht hatte. Er war der Sohn eines gewissen Micheletto, genannt *cavallaro*, weil er ein Pferd besaß, mit dem er Briefe von Brescia in Städte und Dörfer der Umgebung beförderte. Im Alter von etwa sechs Jahren verlor Tartaglia seinen Vater. Er berichtet, er habe als Zwölfjähriger während der Plünderung Brescias durch die Franzosen im Februar 1512 zusammen mit seinen Geschwistern und der Mutter im Dom Zuflucht gefunden. Die französische Soldateska stürmte mit gezücktem Schwert in die Kirche, attackierte und massakrierte blindlings jeden, der ihr vor die Klinge kam. Nicolò wurde von fünf fürchterlichen Hieben am Kopf getroffen, von denen ihn einer an Mund und Kinn verletzte. Wie durch ein Wunder überlebte er und war nach etlichen Monaten wieder geheilt, doch war sein Gesicht derart verunstaltet, dass er, »wenn der Bart es nicht verbergen würde, wie ein Monster aussähe«. Wegen dieses Schwertstreichs durch Mund und Zähne zum Stottern verdammt, erhielt er von den gleichaltrigen Kameraden den Beinamen Tartalea.[1]

Mit fünf oder sechs Jahren hatte er in der Schule Lesen gelernt und später ein paar Wochen lang – so belegen es die Zahlungen der Mutter an den Lehrer – das Schreiben. Tartaglia versichert, er sei danach niemals mehr zu einem anderen Lehrer gegangen, und er verrät uns, wie er seine Bildung als Autodidakt vervollkommnet hatte: »Gemeinsam mit einer Tochter der Armut, die Fleiß heißt, habe ich mir die Werke der verstorbenen Männer mühsam erarbeitet.« Und auf diesen Fleiß habe er sich auch im weiteren Verlauf seines Lebens verlassen, um der Armut zu entfliehen.

Venedig ist in den ersten Jahrzehnten des 16. Jahrhunderts eine Stadt, in der man durchaus seinen Lebensunterhalt als Mathematiker verdienen kann. Geschäfte und Handel blühen, aus allen Himmelsrichtungen kommen mit Waren beladene Schiffe in der Lagune an. In der Werft werden Schiffe für den Fernhandel ausgerüstet. Dank seines Verstands und seiner Begabung wird Tartaglia zum Berater der Zimmermeister der Werft, verkauft seine ballistischen Erfindungen an die Kanoniere und Soldaten, von denen es in Venedig wimmelt, liest in der Kirche Santi Giovanni e Paolo aus den *Elementen* Euklids vor. Er selbst erzählt, dass er am 13. August 1537 (eine merkwürdige, wenn nicht sogar verdächtige Wiederholung der Zahl 13) während eines Vortrags des 13. Satzes des XIII. Buchs der *Elemente* über die Eigenschaften einer in eine Kugel einbeschriebenen Pyramide von einem Zuhörer unterbrochen wurde, der ihm eine Frage vorlegte, im Glauben, sie würde ihn völlig aus der Fassung bringen. So wie es im Februar ein paar Jahre zuvor geschehen war, als ein gewisser Antonio Maria Fiore, ein Mann »ohne Wissenschaft, aber mit viel Erfahrung«, ihn öffentlich herausgefordert hatte, dreißig Fragen zu beantworten und binnen dreißig Tagen die Lösungen bei einem Notar zu hinterlegen.

»Mittels der Algebra« erkennt Tartaglia sofort, dass sich alle diese Fragen auf Gleichungen dritten Grades beziehen, das heißt in der Sprache der Zeit, auf das »Kapitel Kubus und Cose«. Na und?, wird man fragen. Zunächst wollen wir verstehen, was es mit dem »Kapitel« auf sich hat. In der Schule haben wir gelernt, dass in Gleichungen das Symbol x für die Unbekannte und für deren Potenzen steht, wenn es mit einem Exponenten, z. B. x^2 oder x^3 das Quadrat bzw. das Kubik der Unbekannten bezeichnet. In den Schulen der Abakus-Meister hingegen, die im Mittelalter in den italienischen Städten die neue, von den Arabern im Abendland eingeführte Wissenschaft lehren, heißt die Unbekannte »la cosa«, das Ding. Und die Kubikzahlen heißen »*cubi*«.* Mit den uns vertrauten Symbolen bedeutet »*il capitolo cubo e cosa*« übersetzt also die Gleichung $x^3 + px = q$, wobei p und q ganze positive Zahlen bezeichnen.

In Ermangelung eines adäquaten Symbolsystems verließen sich die Mathematiker der Zeit auf die geometrische Interpretation und erklärten, das Lösen einer Gleichung zweiten Grades bedeute, »ein Quadrat zu vollenden«. Was meinten sie damit? Beigebracht hatte ihnen das al-Khuwārizmī, und interessanterweise erwähnt es Jahrhunderte später auch Stendhal, als er in dem autobiografischen Roman *Das Leben des Henri Brulard* (verfasst 1835/36, postum veröffentlicht erst 1890) sein Alter Ego sprechen lässt. Der junge Henri, ein leidenschaftlicher Mathematiker (wie übrigens Stendhal selbst in seiner Jugend), ist enttäuscht von seinem Schullehrer, einem »emphatischen Professor«, der »uns die Lehrsätze erklärte, wie eine Reihe Rezepte zur Essigbereitung«.[2] Da hört er von einem

* *cubo* = Würfel (A. d. Ü.).

schüchternen jungen Mann, einem bekannten Jakobiner, der mehr von Mathematik versteht als der Professor, und an den wendet er sich, um die Dinge geklärt zu bekommen. »Er sagte zu uns: ›Bürger, wo fangen wir an? Ich muss wissen, was Sie schon können.‹ – ›Die Gleichungen zweiten Grades.‹ Als verständiger Mann begann er, uns diese Gleichungen, das heißt die Bildung eines Quadrats von $a + b$ zum Beispiel, das er uns in die zweite Potenz $a^2 + 2ab + b^2$ erheben ließ, usw. zu erklären. Die Hypothese ist, dass das erste Glied der Gleichung der Beginn des Quadrats ist; die Vervollständigung dieses Quadrats, usw., usw., usw.«[3] Wir wollen versuchen, die Bemerkungen Stendhals zu verdeutlichen. Versetzen wir uns in die Lage des jungen Henri, der die Gleichung $x^2 + 10x = 39$ lösen soll, die genau das Beispiel ist, mit dem sich al-Khuwārizmī befasst hatte.

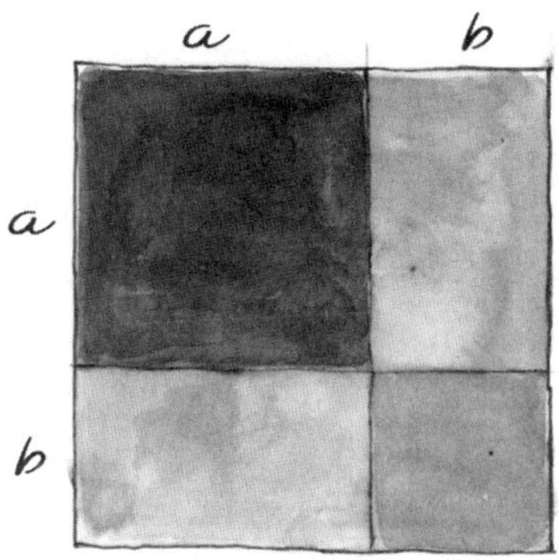

Das schwarze Quadrat sei x^2 und $b = 5$. Die Hypothese, dass das erste Glied der Gleichung, also $x^2 + 10x$, »ein Beginn des Quadrats« sei – in Stendhals Worten –, drückt sich in geometrischen Größen in der Fläche aus, die durch das schwarze Quadrat und die beiden grauen Rechtecke gebildet wird. Die jetzt zu lösende Gleichung besagt, dass diese Fläche gleich 39 ist. Um das große Quadrat zu vervollständigen, muss noch das dunkelgraue Quadrat mit der Fläche 25, also 39 + 25 = 64, hinzugefügt werden. Die Seitenlänge des Quadrats beträgt daher 8 und die Unbekannte x ist 8 – 5 = 3. In entsprechender Weise eine Gleichung dritten Grades [kubische Gleichung, bei der die höchste Potenz, in der die Unbekannte x vorkommt, x^3 ist] wie $x^3 + px = q$ zu lösen, würde heißen, einen Würfel mit der Kantenlänge x zu vervollständigen, wobei p die Ausmaße eines Quadrats und q die eines Würfels hat. Leichter gesagt als getan.

Es ist klar, worin die Schwierigkeit besteht, die Tartaglia ernsthaft in Verlegenheit bringt. Er zögert, weil er sich gut daran erinnert, dass »Bruder Luca in seinem Werk versichert, ein solches Kapitel [sei] unmöglich mit allgemeiner Regel zu lösen«. Bruder Luca sind wir schon einmal begegnet. Mehr noch als ein Mann der Kirche ist Luca Pacioli Mathematiker, und sein Werk *Summa de arithmetica, geometria, proportioni et proportionalita* (1494) kann als die Bibel der Mathematik seiner Zeit gelten. Will mir, denkt Tartaglia, dieser Teufel von einem Meister Fiore etwa unlösbare Aufgaben stellen? In der Tat, gelangt man in der *Summa* an die »Regel der *cosa*, nämlich die höhere Kunst oder die spekulative Praxis, auch genannt Algebra und *almucabala* auf Arabisch bzw. Chaldäisch«, heißt es dort klipp und klar: »Die Kunst hat für einen solchen Fall noch keinen Weg geliefert, so wenig wie sie einen Weg zur Quadratur des Kreises gefunden hat.« Was kubische Gleichungen betrifft, versichert Pacioli, dass jedenfalls bis jetzt noch keine allgemeine Regel gefunden werden konnte, ebenso wenig wie man weiß, wie man die Quadratur des Kreises berechnen kann. Von wegen »Vervollständigung des Würfels«! Diese Gleichungen sind gewissermaßen die Säulen des Herkules der Algebra. Sie markieren die Grenze der Bereiche, über die sich noch keiner hinausgewagt hat.

Doch die mathematische Herausforderung des Meisters Fiore hat auch eine psychologische Dimension, und um Tartaglia noch zusätzlich in Schwierigkeiten zu bringen, rühmt er sich, das Geheimnis der Lösung zu kennen, und setzt das Gerücht in Umlauf, »schon vor dreißig Jahren [sei] dieses Geheimnis von einem großen Mathematiker gelüftet« worden. Die Prahlerei hat allerdings nicht die erhoffte Wirkung. Anstatt zu resignieren, habe er gezweifelt, ob es wahr sei, berichtet Tartaglia, »und deswegen verlegte ich meinen ganzen Eifer, alle Sorgfalt und Kunst darauf, die Regel für dieses Kapitel zu finden, und zu meinem Glück fand ich sie schließlich wieder«, acht Tage vor Ablauf der Frist. Ich »fand sie wieder«, sagt Tartaglia, als er erst viele Jahre später die Geschichte rekonstruiert, denn er konnte die Entdeckung nicht für sich beanspruchen, die in Wirklichkeit Scipione del Ferro, dem Professor für Mathematik an der Universität von Bologna, zugeschrieben wurde, der als außergewöhnlicher Mathematiker galt. Er war der »große Mathematiker«, auf den Fiore anspielte.

Del Ferro hatte seine Entdeckung einigen Freunden und Schülern anvertraut, vielleicht auch Antonio Maria Fiore, bestimmt aber Pompeo Bolognetti, ebenfalls Professor in Bologna, der Mitte des Jahrhunderts in einer Schrift bekannte, von »*Messer Sipion del Ferro vecchio bolognese*« die Lösung des »neuen Kapitels« der Algebra erhalten zu haben. Damit war die Mathematik über die Säulen des Herkules hinausgegangen, so wie einige Jahre zuvor Kolumbus sich mit seinen drei Karavellen über die Grenzen des Mittelmeers hinaus auf den offenen Atlantik gewagt hatte. Ein erster entscheidender Schritt, der uns dem Moment näherbringt, an dem das Imaginäre in der Mathematik auftaucht, ist damit vollzogen worden.

Die Nachricht vom fabelhaften Erfolg des Mathematikers aus Brescia verbreitete sich rasch und erreichte auch Gerolamo Cardano, der in Mailand öffentliche Vorträge zu Euklid hielt. Cardano ist eine der faszinierendsten und umstrittensten Gestalten der Renaissance. Als Sohn eines Rechtsgelehrten in Pavia geboren, von umfassender Bildung und besonders an den okkulten Wissenschaften und der Mathematik interessiert, unterrichtete er in Mailand an den Scuole Piattine. Er war ein Mann von außergewöhnlichen Talenten, und in seiner Lebensbeschreibung *De proprio vita* ist die Rede von Umständen, die so singulär sind, dass man sie kaum glauben möchte.

Außergewöhnlich ist schon seine Geburt. »Geboren, oder vielmehr aus der Mutter herausgezogen, fast wie tot«, wird er in »einem Bad heißen Weines wiederhergestellt, das einem anderen hätte gefährlich werden können«, und so kam er wieder zu Kräften. Er ist ein geschickter Fechter, als Student frönt er einer hemmungslosen Leidenschaft für Schach- und Würfelspiel, doch »hatte ich Pech und musste den Schmuck meiner Frau und meine Hausgeräte verpfänden«. Im Alter bedauert er, »zeitweilig [seinen] Ruf, [seine] Zeit und [sein] Geld verschwendet zu haben«, nicht ohne sich jedoch zu rühmen, im Schachspiel Probleme aufgedeckt zu haben, die »allen menschlichen Scharfsinn zu übersteigen schienen«, und im Glücksspiel erklärt zu haben, »was unter dem Schicksal zu verstehen und wie seine Wirkungsweise sei«, sowie »die Ursachen sonderbarer Erscheinungen« aufgedeckt zu haben. Im Lauf seines Lebens wird er in ganz Europa als Mathematiker und Arzt berühmt. Er lehrt Mathematik in Mailand und Medizin in Bologna, deutet Träume und erstellt Horoskope (unter anderem das von Jesus Christus), erfreut sich der Freundschaft von Fürsten und Herzögen, wird der Ketzerei verdächtigt, aber gleichzeitig von Kardinälen und Päpsten protegiert, ist Anhänger der »natürlichen Magie« und Erfinder genialer technischer Spielereien wie das Kardangelenk, das nach ihm benannt ist.[4]

Wie sein Vater unterrichtet er Mathematik an den Scuole Piattine in Mailand. Als er von einem Herrn Zuanne da Coi – der sich bereits mit Tartaglia erfolglos angelegt hat – herausgefordert wird, Aufgaben aus dem Bereich der kubischen Gleichungen zu lösen, wendet er sich, vermittelt durch den Buchhändler Zuanantonio da Bassano, an Tartaglia, der ihn in einem Brief vom 2. Januar 1539 vorstellt als »großartigen Mathematiker, der gegenwärtig eines seiner Werke über die Verfahren der Arithmetik und der Geometrie« drucken lässt.[5] Cardano versucht, Tartaglia dazu zu bringen, ihm die Aufgaben zu verraten, die ihm Meister Fiore vorgelegt hat, sowie die Regel, für deren Lösung ihm zwei Stunden gewährt werden, um diese dann in dem erwähnten Werk unter Anerkennung der Urheberschaft Tartaglias zu veröffentlichen. Wie zu erwarten war, lehnt Tartaglia ab (»wenn ich diese meine Erfindung veröffentlichen möchte, dann in meinen eigenen Werken«). Da nimmt Cardano am 12. Februar Feder und Papier zur Hand, versucht es noch einmal und erklärt beleidigt: »Mit wem glaubt Ihr zu sprechen, mit Euren Schülern?«, worauf Tartaglia stolz erwidert: »Ich befasse mich mit neuen Erfindungen und behandle und erwähne Dinge, die andere weder behandelt noch erwähnt haben.« (Gemeint sind zum Beispiel seine Instrumente zur Zielerfassung und zur Ballistik der Artillerie.) Er gehöre nicht zu denen, die ihre Bücher mit Dingen anfüllten, die sie von diesem oder jenem fremden Autor gestohlen hätten.

Am Ende beschuldigt er Cardano, ihm eine Falle gestellt zu haben, indem er ihn glauben ließ, er kenne die Lösung des fraglichen »Kapitels«, was Tartaglia ihm nicht glaubt, und er fordert sein Gegenüber auf, die Regel vorzulegen (»ich biete zehn Dukaten gegen einen«). Trotzdem gibt er nach langem Weigern den drängenden Forderungen Cardanos nach, die mit dem Versprechen verbunden sind, ihn mit dem einflussreichen Marchese von Avalos, dem spanischen Gouverneur von Mailand, bekanntzumachen. Am 23. März erscheint also Tartaglia bei Cardano zu Hause, der »bei den heiligen Evangelien« und als »wahrer Edelmann« schwört, das Geheimnis seiner Entdeckungen zu wahren und sie sogar »in Ziffern festzuhalten«, also in verschlüsselter Form, um zu verhindern, dass nach seinem Tod irgendjemand sie verstehen kann. Nachdem das also gesichert scheint, gibt Tartaglia die Formel preis, »ein Schlüssel, der die Tür zur Erforschung unendlich vieler anderer Kapitel zu öffnen vermag«, versteckt in holprigen Terzinen (»ich habe sie in ein gereimtes Kapitel gebracht«), und gesteht selbst, es sei »nicht sehr gelungen«:

Wenn ein cubo mit den cose daneben	$[x^3 + px]$
Sich verbindet mit einer geheimen Zahl,	$[=q]$
So stecken zwei andre verschiedne in eben	
Dieser geheimen Zahl.	$[u - v = q]$.

So beginnt Tartaglias Kapitel »*cubo* und *cosa*«, dann folgt der Fall, »dass der Kubus allein bleibt«, das heißt $x^3 = px + q$, und am Ende der Fall $x^3 + q = px$.

Als Cardano versucht, die Formel

$$x = \sqrt[3]{\frac{q}{2} + \sqrt{\frac{q^2}{4} + \frac{p^3}{27}}} - \sqrt[3]{-\frac{q}{2} + \sqrt{\frac{q^2}{4} + \frac{p^3}{27}}}$$

die er schließlich bekommen hat, anzuwenden, fragt er Tartaglia »um unserer Liebe und Freundschaft willen, die hoffentlich unser ganzes Leben Bestand haben wird«, wie man die Gleichung $x^3 + 3x = 10$ löst. Nach wenigen Tagen kommt die Antwort, die mit der Mahnung endet, er möge sich an sein Versprechen erinnern. Misstrauisch geworden aufgrund erneuter Anfragen, ignoriert Tartaglia die nächsten Schreiben, und noch am 4. August 1539 beklagt sich Cardano, dass seine Briefe unbeantwortet blieben, und legt ihm die Gleichung $x^3 = 9x + 10$ vor.

Beim Versuch, sie zu lösen, entdeckt er, dass die Quadratwurzel einer »falschen« Zahl gezogen werden müsste, wenn man seine Formel anwendet; das heißt eine »sophistische« Menge wie $\sqrt{-2}$. Was also tun? Dieses Mal antwortet Tartaglia, doch nicht einmal er ist imstande, die Sache aufzuklären, auch wenn er sich als Lehrmeister aufspielt (»Ihr habt den richtigen Weg nicht begriffen«), der von einem Menschen mit Fragen belästigt wird, der Fehler macht wie jemand, der nicht einmal »die allerersten Grundlagen [kennt], die einem Schüler beigebracht werden, der die Anfangsgründe der Algebra lernen will«.

Und als Cardano am 5. Januar 1540 noch einmal schreibt, um ihm mitzuteilen, dass Zuanne da Coi behaupte, die Geheimformel zu kennen (»Euer Kapitel«), und ihm Fragen vorgelegt habe, die ihm zu zeigen und zu lösen er gewillt sei, wenn Cardano ihm den Lehrstuhl für Arithmetik überlasse. Tartaglia antwortet und erklärt, »dieser Mann [sei] viel einfältiger, als ich dachte«, ein Mann, der wenig zu sagen, »wenig Substanz« habe. Dies ist der mit Beleidigungen gewürzte Abschied zweier Männer, die aneinander vorbeireden.

Wenige Jahre später erfährt Cardano bei einem Abstecher nach Bologna, dass die Formel, die er für die alleinige Entdeckung Tartaglias hielt, bereits dreißig Jahre zuvor von Scipione dal Ferro gefunden worden war. Ist er jetzt noch an seinen Schwur, die Formel geheim zu halten, gebunden, den er dem Mathematiker aus Brescia geleistet hatte? Oder gilt das Versprechen der Geheimhaltung nicht mehr? Das Dilemma hat Cardano sicherlich nicht den Schlaf geraubt, er löste es, indem er sein Werk *Artis magnae sive de regulis algebraicis, liber unus* in den Druck gab (1545).

»Geschrieben binnen fünf Jahren, könnte es für ebenso viele Jahrtausende Bestand haben«, prophezeit Cardano hoffnungsvoll am Ende seines Buchs, das die Geburt eines neuen Zeitalters ankündigt. Das Werk *Artis magnae*, das in Nürnberg mit einer Widmung an Andreas Osiander erschien, beginnt mit dem stolzen Anspruch: »Wer bis zu diesen Dingen gelangt ist, glaubt, dass es für ihn nichts Unverständliches mehr gibt.« Die Errungenschaft, die Cardanos Begeisterung hervorruft, ist die Lösungsformel der Gleichungen dritten Grades, deren Entdeckung er Scipione zuschreibt, jedoch bescheinigt er Tartaglia, sie wiederentdeckt und ihm nach seinen »zahlreichen Bitten« mitgeteilt zu haben.

Bevor er zum Kern der Sache kommt, erläutert Cardano, was die geraden und ungeraden Potenzen einer Zahl und die Regel der Zeichen sind. Während die positiven »echte« Zahlen sind, gelten die negativen – für die er keine natürliche geometrische Deutung finden kann – als »falsche« oder »fiktive« (»so bezeichnen wir das, was eine Schuld oder ein Fehlbestand ist«, erklärt er ganz in der Sprache der Kaufleute). Und im unveröffentlichten Manuskript *Ars magna arithmeticae* vermerkt er, dass $\sqrt{9} = +3$ oder $= -3$ ist, weil »plus mal plus oder minus mal minus plus ist. Daher ist $\sqrt{-9}$ weder $+3$ noch -3, sondern eine dritte, verborgene Art.«

Wir stehen kurz vor dem Moment, der mit der Einführung der imaginären Einheit jene »dritte, verborgene Art« offenbart, die Cardano ahnt, vor der er aber noch zurückscheut. Das geschieht auch, wenn sich die Aufgabe stellt, eine Strecke der Länge 10 in zwei Teile zu teilen, deren Produkt 40 sei. »Es ist offensichtlich, dass dieser Fall unmöglich ist«, bemerkt er dazu. Allerdings stellt er fest, dass bei der Zweiteilung der Strecke und anschließender »algebraischer Operation« die Ausdrücke $5 + \sqrt{-15}$ und $5 - \sqrt{-15}$ herauskommen. Ihre Summe ist 10, und ihr Produkt ist $5^2 - (\sqrt{-15})^2 = 25 + 15 = 40$. Sie lösen mithin die Aufgabe, stellen jedoch nicht das Maß irgendeiner Strecke dar. Kurzum, bemerkt Cardano, die Frage ist »sophistisch« und die Lösung »ebenso subtil wie nutzlos«. Genauso verwirrend und paradox ist der »irreduzible Fall«, wie die Gleichung $x^3 = 9x + 10$ heißen wird, die er Tartaglia vergeblich vorgelegt hatte: Das Verwirrende daran ist, dass die Wurzeln der Gleichung alle drei reell sind, ungeachtet der Tatsache, dass sich die Formel auf eine »sophistische« Quantität bezieht. Diese Frage bleibt auch in der *Ars magna* offen, wird jedoch bald eine überraschende Lösung finden.

Obwohl Cardanos Darstellung stimmt, schäumte Tartaglia vor Wut, als die *Ars magna* veröffentlicht wurde; in seinem letzten Werk über *Quesiti et inventioni diverse* (1546) publizierte er seine Version der Angelegenheit, einschließlich der Schmähbriefe, die er mit seiner »Exzellenz Messer Cardano« ausgetauscht hatte. Ludovico Ferrari, ein Schüler Cardanos, beeilte sich, seinen Lehrer zu verteidigen, und veröffentlichte eine gegen Tartaglia gerichtete Flugschrift, die eine mathematische Herausforderung darstellte; darin rief er alle jene Zeugen in dieser Fehde auf, »die sich in den italienischen Städten an der Mathematik erfreuen und sich damit befassen«. Tartaglia antwortete seinerseits mit einer Flugschrift, in der er versuchte, Cardano einzubeziehen, seinen eigentlichen Gegner, »um beiden gleichzeitig den Kopf zu waschen, was kein Barbier in ganz Italien fertigbrächte«.

Dieser Ton in den Flugschriften liefert die Begleitmusik zu den zu lösenden Aufgaben und den zu enträtselnden Fragen. Die sechs Pamphlete und die entsprechenden Erwiderungen, in denen sich Ferrari und Tartaglia ihre Argumente um die Ohren hauen, sind der Anlass für einen Zwist, aus dem sich Cardano heraushält, indem er ihn mit einem lapidaren Kommentar abtut: Tartaglia »zieht es vor, einen Rivalen zu haben, der ihm obendrein überlegen ist, anstatt einen Freund zu finden, an den er durch eine Schuld gebunden ist, auch wenn sich herausgestellt hat, dass es gar nicht seine Entdeckung war«. Nach anderthalb Jahren endet der Wettstreit am 10. August 1548 in Mailand in einer enttäuschenden öffentlichen Auseinandersetzung in der Barfüßer-Kirche Santa Maria del Giardino. Man verbrachte einen geschlagenen Nachmittag mit Geplänkel über ein Problem der Geometrie, tags darauf beklagte sich Tartaglia über die offene Feindseligkeit der Zuhörer und räumte das Feld.

QUADRATWURZEL VON MINUS EINS

Etwas mehr als zwanzig Jahre waren seit der Mathematikerfehde zwischen Ferrari und Tartaglia vergangen, als Rafael Bombelli in seinem Werk *L'algebra* (1572) verkündete, er habe »eine weitere, von anderen sehr abweichende, mit der dritten Potenz zusammenhängende Art von Wurzeln gefunden«. Über diesen »Bologneser Bürger« ist wenig bekannt, der in einer noch vom Buch X der euklidischen *Elemente* geprägten Sprache verrät, dass ein für die Wissenschaft außerordentlich folgenreicher Augenblick gekommen sei.

Dies ist der Moment, an dem das Imaginäre in die Mathematik Einzug hält. Nun kommen Quadratwurzeln negativer Zahlen ins Spiel. So wird zum Beispiel die Gleichung $x^3 = 15x + 4$ gelöst. In Anwendung dessen, was er die Regel Cardanos nennt, bekommt Bombelli nämlich die Gleichung

$$x = \sqrt[3]{2 + \sqrt{-121}} + \sqrt[3]{2 - \sqrt{-121}}$$

Als sich Cardano mit der »sophistischen« Quantität $\sqrt{-2}$, der Quadratwurzel der »falschen« Zahl –2, befasste, hatte er das Thema fallen lassen, nachdem er Tartaglia vergeblich darum gebeten hatte, Licht in die Sache zu bringen. Wie vor ihm Cardano, war auch Bombelli der Meinung, dass diese Art Wurzeln »vielen Leuten eher sophistisch als real erscheinen« werde. Auch er zögerte lange, ehe es ihm gelang, einen »Beweis in Linien« – das heißt in geometrischen Begriffen – für die Richtigkeit der Rechenoperation zu finden, die sich nun abzeichnete. Allerdings gehe es um eine dringend notwendige Operation, zumal vergleichbare Fälle, in denen diese Art Wurzeln entstehen, sehr viel häufiger vorkämen als jene, die mit den üblichen reellen Kubikwurzeln lösbar sind. Wenn es also darum geht, Gleichungen dritten Grades zu lösen, ist der »irreduzible Fall« alles andere als die Ausnahme.

Jene neue »Art Wurzeln«, erklärt Bombelli, habe in ihrem Algorithmus eine andere Rechenoperation und einen anderen Namen. Der Name, den er für $\sqrt{-1}$ vorschlägt, ist eigenartig: »Da man sie weder plus noch minus nennen kann, werde ich sie dennoch *plus von minus* nennen, wenn sie hinzugefügt werden muss, und *minus von minus*, wenn sie abgezogen werden muss.« Euler wird im Jahr 1777 bei der Einführung eines bis heute in Gebrauch gebliebenen Symbols sagen: »Künftig werde ich die Formel $\sqrt{-1}$ mit dem Buchstaben i bezeichnen, damit gilt $i \times i = -1$ und $1/i = -i$.« Übrigens war Bombelli auch so vorgegangen, als er die Regeln der Multiplikation und Division mit seinem *plus von minus* und *minus von minus* veranschaulichte, was seit Euler mit $+i$ und $-i$ angegeben wird. Von da an bezeichnet das Symbol i die imaginäre Eins, und ein Ausdruck wie $a + ib$ ($a + b$ als reelle Zahlen) wird »komplexe Zahl« genannt. Damit ist das Geheimnis jener Zahlen gelüftet, die Yuri Manin meinte, als er vor einem halben Jahrhundert von den Entdeckungen in der Physik sprach.

In der besonderen Sprache der rhetorischen Algebra jener Zeit erklärte Bombelli, dass in der Lösung einer Gleichung wie $x^3 = 15x + 4$ eine komplexe Wurzel $a + ib$ nicht für sich »intervenieren« kann, das heißt, ohne jene, die in moderner Sprache $a - ib$ entspricht. Nachdem er durch Versuche herausfand, dass

$$\sqrt[3]{2+\sqrt{-121}} = 2+i \quad \text{und} \quad \sqrt[3]{2-\sqrt{-121}} = 2-i$$

ist, folgerte Bombelli, dass $x = 4$ ist. (Mit dem Divisionsalgorithmus Euklids werden die beiden anderen reellen Wurzeln abgeleitet, $x = -2 \pm \sqrt{3}$.) Zwar war er durch die Formel gezwungen, mit sophistischen Mengen, unmöglichen Zahlen wie der Quadratwurzel negativer Zahlen, zu operieren, doch am Ende des Verfahrens bekam er drei reelle Lösungen der Gleichung. Das war es, was »vielen Leuten eher sophistisch als real erscheinen« werde, wovon er den Beweis »in Linien« mit einer geometrischen Konstruktion gefunden hatte. Was das Finden einer allgemeinen Regel zum Umgang mit dem irreduziblen Fall anbelangt, so »halte ich es bis zur Stunde für unmöglich«, stellte Bombelli abschließend fest. Und dazu hatte er allen Grund.

»Damit sprengt er den gesamten Euklid«, war Cardanos lapidarer Kommentar. Mit dem *plus von minus* und *minus von minus* Bombellis konnten tatsächlich keine Strecken gemessen werden, und damit verlor die geometrische Interpretation der Lösung von Gleichungen, und besonders die Vorstellung, die Lösung einer Gleichung dritten Grades könnte in geometrischen Begriffen in die »Vervollständigung eines Kubus« umgesetzt werden, an Bedeutung. Überdies fehlte diesen »silvestrischen« Mengen ein entscheidendes Kennzeichen der Zahlensysteme, nämlich die Möglichkeit, nach Größe geordnet zu werden, wie Euklid gelehrt hatte. So erklärte ein der klassischen griechischen Tradition verpflichteter genialer Amateur wie François Viète, Politiker, Mitglied des Parlaments der Bretagne und Ratgeber von König Heinrich III., voreilig, dass die imaginären Zahlen sowie die negativen Zahlen nicht zur Mathematik zu rechnen seien.

Auf seiner Suche nach dem »Keim des Imaginären«, der sich in der Geschichte der Zahlen verbirgt, findet es Sinisgalli interessant, »zu sehen, mit wie viel Misstrauen das Imaginäre zunächst verworfen, mit wie viel Erstaunen es anerkannt wurde und wie seine unleugbare Präsenz bei den scharfsinnigsten Geistern Erschrecken auslöste«. Während Viète die Imaginären aus der Mathematik verbannen möchte, stellt Descartes in der *Géométrie* (1637) fest, die Wurzeln einer Gleichung seien »nicht immer real, sondern bisweilen imaginär«. Nach dem schicksalhaften Augenblick, in dem Bombelli sie ins Leben gerufen hatte, wurden sie von Descartes mit einem Begriff getauft, der in Gebrauch geblieben ist, obwohl es, wie der französische Mathematiker hinzufügt, »manchmal keinerlei Größe gibt, die der entspräche, die man sich vorstellt«.

Einige Jahrhunderte lang blieben die Schöpfungen Bombellis in eine Art mathematischen Limbus verbannt, gleichsam »ein Wunder der Analyse, ein Monstrum der idealen Welt, eine Art Amphibie zwischen Sein und Nichtsein«, wird Leibniz 1702 sagen und Sinisgalli im *Furor mathematicus* (1950) wiederholen, als er den Literaturwissenschaftler Gianfranco Contini auffordert, seine Gedanken einer Poesie »als ein Quantum, eine Kraft, eine mittels einer komplexen Zahl ausdrückbare äußerste Belebung« zu vertiefen. An einer anderen Stelle wird er wiederholen, dass »die Einführung des ›Imaginären‹ dazu gedient hat, die Beziehungen zwischen Zahl und Kraft zu klären, so wie das ›Irrationale‹ die bestehenden Fesseln zwischen Zahl und Figur bestätigt«.

Die Worte Bombellis und Descartes' klingen noch nach in Eulers

Vollständiger Anleitung zur Algebra (1771): Die »Quadratwurzel einer Negativzahl [kann] weder eine Positiv- noch eine Negativzahl sein. [...] Sie gehören zu einer ganz besonderen Art von Zahlen, indem dieselbe weder zu den Positiv- noch Negativzahlen gerechnet werden kann.« Sie sind »weder größer als nichts noch kleiner als nichts. Nichts sind sie aber doch auch nicht, weil 0 mit 0 multipliziert 0 und also keine Negativzahl gibt.« Das bringt uns auf den Gedanken, dass diese Zahlen »ihrer Natur nach unmöglich sind«. Man nennt sie »imaginäre oder eingebildete Zahlen, weil sie bloß allein in der Einbildung stattfinden«. Auch wenn ihre »wahre« Natur im Dunkeln blieb, »so haben wir davon doch einen hinlänglichen Begriff«, und sie ermöglichten die Entdeckung einer Vielzahl von Beziehungen, die sie mit anderen Bereichen der Mathematik verbinden.[6]

RECHNEN MIT IMAGINÄREN ZAHLEN

In einem Brief an den Freund Friedrich Bessel erklärt Carl Friedrich Gauß im Jahr 1811, man könne so, wie man sich den Bereich der reellen Zahlen geometrisch auf einer unendlichen Geraden denkt, »das ganze Reich aller Größen, reeller und imaginärer, sich durch eine unendliche Ebene sinnlich machen, auf der jeder Punkt, durch Abszisse = a und Ordinate = b bestimmt ist, sozusagen die Größe $a + ib$ gleichsam repräsentiert«.[7] Heute bezeichnen die Mathematiker diese Ebene mit dem Namen des *princeps mathematicorum* gemeinsam mit dem von Jean-Robert Argand (Argand-Gauß'sche Zahlenebene). Der Schweizer Argand beschäftigte sich mit Mathematik, und seine geometrische Interpretation der komplexen Zahlen erschien im Jahr 1806 anonym. Bis dahin waren die imaginären Größen von einem falschen Blickwinkel aus betrachtet worden, in ein »mysteriöses Dunkel« gehüllt, meinte Gauß. Das war teilweise auch den Begriffen geschuldet, mit denen sie bezeichnet wurden. Aus seiner Sicht wäre jede Unklarheit vermieden worden, wenn für +1, –1 und $\sqrt{-1}$ von direkten, umgekehrten und lateralen Einheiten gesprochen worden wäre anstatt von positiven, negativen und imaginären (oder schlimmer noch: unmöglichen) Einheiten.

Doch es ging nicht nur um Worte. Noch fünfzehn Jahre später wiederholte der große Mathematiker Augustin-Louis Cauchy, dass Ausdrücke wie $a + b\sqrt{-1}$ symbolischer Natur seien, dass sie, »wörtlich genommen und gemäß den üblichen Konventionen interpretiert, unzutreffend und sinnlos sind, dass von ihnen jedoch richtige Ergebnisse abgeleitet werden können«. So jedenfalls lehrte er es in seinem *Cours d'Analyse* (1821), einem Text, den er für seine Schüler an der Pariser École polytechnique verfasst hatte. Darin hatte Cauchy mit der »Notwendigkeit, sich den Kopf darüber zu zerbrechen«, was denn wohl das Symbol $\sqrt{-1}$ bedeuten könnte, aufgeräumt.

Dieses Symbol, das laut Cauchy so viel Kopfzerbrechen bereitete, trieb viele Jahrzehnte später auch den jungen Törleß in Musils Roman um, der nach einer Mathematikstunde den Freund Beineberg fragt, ob er denn diese Geschichte mit den imaginären Zahlen verstanden habe. »Ja, das ist doch gar nicht so schwer«, antwortet dieser. »Man muss nur festhalten, dass die Quadratwurzel aus negativ Eins die Rechnungseinheit ist.« »Das ist es aber gerade«, erwidert Törleß. »Die gibt es doch gar nicht.« Man wird ihm zustimmen, dass jede zum Quadrat erhobene Zahl, ob positive oder negative, einen positiven Wert ergibt. Die Antwort des Freundes: »Ganz recht; aber warum sollte man nicht trotzdem versuchen, auch bei einer negativen Zahl die Operation des Quadratwurzelziehens anzuwenden? Natürlich kann das dann keinen wirklichen Wert ergeben und man nennt doch auch deswegen das Resultat nur ein imaginäres. Es ist so, wie wenn man sagen würde: hier saß sonst immer jemand, stellen wir ihm also auch heute einen Stuhl hin; und selbst, wenn er inzwischen gestorben wäre, so tun wir doch, als ob er käme.« »Wie kann man aber«, wendet Törleß ein, »wenn man bestimmt, ganz mathematisch bestimmt weiß, dass es unmöglich ist?« »So tut man eben trotzdem, als ob dem nicht so wäre,« erwidert Beineberg. »Es wird wohl irgendeinen Erfolg haben. Was ist es denn schließlich anderes mit den irrationalen Zahlen? Eine Division, die nie zu Ende kommt, ein Bruch, dessen Wert nie und nie und nie herauskommt, wenn du auch noch so lange rechnest? Und was kannst du dir darunter denken, dass sich parallele Linien im Unendlichen schneiden sollen? Ich glaube, wenn man allzu gewissenhaft wäre, so gäbe es keine Mathematik.«[8]

Ich weiß nicht, wie es Ihnen geht, aber Törleß ist nicht überzeugt, obwohl er zugeben muss: »Das Merkwürdige ist ja gerade, dass man trotzdem mit solchen imaginären oder sonstwie unmöglichen Werten ganz wirklich rechnen kann und zum Schlusse ein greifbares Resultat vorhanden ist!« Deshalb wendet er sich mit der Bitte um Erklärung an den Professor, der bereit ist, zuzugeben, dass »diese imaginären, diese gar nicht wirklich existierenden Zahlwerte, ha ha, gar keine kleine Nuss für einen jungen Studenten sind«.[9] Wenn es also auch für Sie eine harte Nuss ist, trösten Sie sich, Sie sind in guter Gesellschaft. Da geht es Ihnen so wie jenem jungen Studenten eines renommierten österreichischen Internats.

Und so erklärt der Professor dem Schüler weiter: »Sie müssen sich damit zufriedengeben, dass solche mathematischen Begriffe eben rein mathematische Denknotwendigkeiten sind.« Das ist jetzt nicht wirklich eine überzeugende Erklärung! Dann fährt der Professor fort: »Überlegen Sie nur: auf der elementaren Stufe des Unterrichts, auf der Sie sich noch befinden, hält es sehr schwer, für vieles, das man berühren muss, die richtige Erklärung zu geben. Zum Glück fühlen es die wenigsten.« Das ist ja allerhand! Wenn es aber doch einer fühlt? In diesem Falle bleibt dem Professor, der sich sehr über die seltene Gelegenheit freut, nur zu sagen: »Lieber Freund, du musst einfach glauben; wenn du einmal zehnmal soviel Mathematik können wirst als jetzt, so wirst du verstehen, aber einstweilen: glauben!« Kurzum, die Aussagen der Mathematik, rationale Wissenschaft par excellence, schrumpfen zu Glaubenssätzen: »Du musst einfach glauben.«[10]

Wie oft haben Sie das in der Schule angesichts Ihrer Schwierigkeiten in Mathematik sagen hören? Man denke zum Beispiel nur an die Regel »minus mal minus gibt plus!«, die niemand Stendhal/Henri Brulard erklären konnte. »Eine der wesentlichen Grundlagen der Wissenschaft, die man Algebra nennt«, wird ihm vom Lehrer wie eines jener »Rezepte zur Essigbereitung« vorgestellt, sodass am Ende nur noch festzustellen bleibt, dass »minus mal minus gibt plus« zwangsläufig richtig sein muss, »da man diese Regel alle Augenblicke in der Rechnung anwendet und damit zu wahren und unzweifelhaften Resultaten gelangt«. Und was soll man von den Parallelen halten, die sich im Unendlichen schneiden, von denen Beineberg spricht? Als Henri Brulard diese Behauptung in einem Text liest, glaubt er, »einen Katechismus und noch dazu einen der ungeschicktesten zu lesen«.[11] Und wie Törleß bittet er M. Chabert vergeblich um eine Erklärung. Der Lehrer des Zöglings Törleß erinnert dabei stark an seinen entfernten französischen Kollegen, der Henri folgendermaßen abspeist: »Mein Junge«, sagt er zu ihm in väterlichem Ton, »mein Junge, das wirst du später einsehen.« Es führt zu nichts, sich im Kreis zu drehen, »es gibt keine andere Lösung«. Man muss einfach an die imaginären Zahlen glauben, so wie man an irgendeine religiöse Wahrheit glaubt. Denn, sagt der Lehrer, »es geht nicht anders, lieber Törleß, die Mathematik ist eine ganze Welt für sich und man muss reichlich lange in ihr gelebt haben, um alles zu fühlen, was in ihr notwendig ist«.[12]

In Wahrheit ist diese »Welt für sich« gar nicht so sehr für sich, wenn sie es ermöglicht, die Welt der physischen Erscheinungen zu verstehen, die Welt der Natur, die uns umgibt. Und das gilt auch für etwas, was in der Realität scheinbar nicht existiert, wie jene Zahlen, die der Fantasie eines Mathematikers aus Bologna entsprungen sind, der sie in einem schicksalhaften Augenblick vor über vier Jahrhunderten erfand. Sind wir sicher, dass *er* sie erfunden hat? Freeman Dyson, ein Physiker aus Princeton, erklärte vor etwa zehn Jahren in einem Vortrag über Einstein: »Die Mathematiker haben immer an die komplexen Zahlen gedacht als eine künstliche, von Mathematikern erdachte Konstruktion, als eine nützliche und elegante Abstraktion des realen Lebens. Es kam ihnen nie in den Sinn, dass dieses künstliche numerische System, das sie ersannen, tatsächlich das Gebiet ist, auf dem sich die Atome bewegen. Sie hätten sich nicht träumen lassen, dass die Natur schon vorher da war.«[13] Und wenn Dyson recht hätte, und es wäre tatsächlich so? Die partielle Gleichung, die Erwin Schrödinger in Anlehnung an das Modell der Wellentheorie in der Optik aufstellte, funktionierte nicht und hatte keinen Sinn – so Dyson –, bis er auf die Idee kam, in seine Gleichung die Quadratwurzel von –1 zu setzen: Auf einmal bekam die Gleichung einen Sinn, und Schrödinger entdeckte, dass sie Auflösungen hatte, die den Quantenbahnen im Bohr'schen Atommodell entsprachen. Dyson erklärt abschließend, dass »jene Wurzel von –1 bedeutet, dass die Natur mit komplexen und nicht mit reellen Zahlen arbeitet«. Das war eine große Überraschung für Schrödinger, und nicht nur für ihn.

Erinnern wir uns daran, wie viel uns Manin über das Gerücht verraten hat, das unter den Quantenphysikern zu Beginn der Sechzigerjahre kursierte. Damals war viel die Rede von einem Artikel von Eugene Wigner, Nobelpreisträger für Physik im Jahr 1963, mit dem provozierenden Titel: *The Unreasonable Effectiveness of Mathematics in the Natural Sciences* (*Die vernunftwidrige Effizienz der Mathematik in den Naturwissenschaften*). Die Vernunft dieser Effizienz, die Wigner »vernunftwidrig« nennt, ist bis zum heutigen Tag Diskussionsthema. Der enorme Nutzen der Mathematik in den Naturwissenschaften ist laut Wigner »etwas, das an ein Mysterium grenzt und für das es keine rationale Erklärung gibt«. Kurzum, es ist ein echtes Wunder, und die komplexen Zahlen sind dafür ein besonders gutes Beispiel.

Wenn auch nach unserer Alltagserfahrung nichts für die Einführung jener Größen spricht, so kann doch der Mathematiker viele schöne Theoreme anführen, besonders in der Gleichungstheorie, wo, wie wir gesehen haben, diese Zahlen ihren Ursprung hatten. Der Mathematiker ist also »nicht bereit, auf die wunderbaren Errungenschaften zu verzichten«, die er dem Genie seiner fernen Kollegen aus dem 16. Jahrhundert verdankt, während diese Zahlen »für den Laien alles andere als natürlich oder einfach [sind] und die physische Beschaffenheit sie nicht nahegelegt«. Seien Sie nicht gekränkt, wenn Sie damit als Laie bezeichnet werden. Wigner war zwar nicht gläubig, doch er bedient sich der Sprache der Religion und spricht von Wundern und Mysterien, wie es in Dingen des Glaubens üblich ist, also auch unter Gläubigen und Laien. Wunder oder nicht, jedenfalls ist der Gebrauch jener Zahlen kein rechnerischer Trick. Im Gegenteil, sagt Wigner, sie seien geradezu notwendig für die Formulierung der Gesetze der Quantenmechanik. Und er sagt voraus, dass die Funktionen, die mit komplexen Zahlen zu tun haben und komplexe Werte annehmen, eine entscheidende Rolle bei der Formulierung der Quantentheorie spielen werden. Was auch tatsächlich der Fall war.

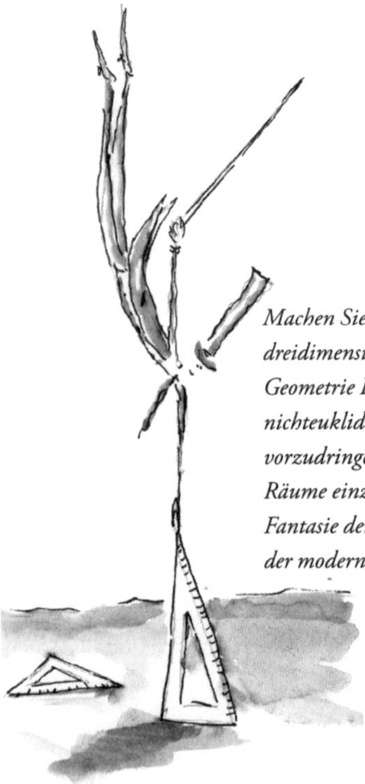

Machen Sie sich darauf gefasst, die vertraute dreidimensionale Welt und die vertraute Geometrie Euklids zu verlassen, um in die nichteuklidischen geometrischen Universen vorzudringen und in die mehrdimensionalen Räume einzutauchen, welche die kreative Fantasie der Mathematiker für die Revolution der modernen Physik eröffnet hat.

Das nichteuklidische Universum

DREI DIMENSIONEN SIND NICHT GENUG

»Revolution in der Wissenschaft. Neue Theorie des Universums. Newtons Ideen entthront«, titelte die Londoner *Times* am 7. November 1919. Was war so Revolutionäres geschehen? Tags zuvor hatten die Astronomen Arthur Eddington und Frank Dyson auf einer denkwürdigen Sitzung der Royal Society die Ergebnisse der Beobachtungen einer Sonnenfinsternis mitgeteilt, die im Mai jenes Jahres auf einer Insel im Golf von Guinea und in Brasilien gesammelt worden waren. Die Beobachtungen bestätigten, was die allgemeine Relativitätstheorie vorhergesagt hatte: Die Masse der Sonne krümmt die Lichtstrahlen am Himmel. Die Meldung, die von der Weltpresse aufgegriffen wurde, machte Einstein über Nacht zum Star. Der »neue Gigant der Weltgeschichte«, untertitelte eine Berliner Zeitschrift sein Konterfei. Es war das meistbeachtete Ereignis seit der Entdeckung des Planeten Neptun im Jahr 1846, das eine handfeste Bestätigung der Newton'schen Gesetze und der euklidischen Geometrie geliefert hatte, zitierte die *Times* die Worte des Präsidenten der Royal Society.

Jetzt musste »die Vorstellung der Wissenschaft von der Struktur des Universums verändert werden« in Einklang mit der neuen Relativitätstheorie, »eine der bedeutendsten Äußerungen, wenn nicht *die* bedeutendste Äußerung menschlichen Denkens«. Für Eddington war diese Theorie eines der schönsten Beispiele für die Leistung der mathematischen Logik, eine Theorie, die auf einem Verständnis des Raumes beruhte, das in der Mitte des 19. Jahrhunderts von einem genialen Mathematiker auf dem Höhepunkt einer dramatischen Umwälzung prophezeit worden war, die nach zweitausend Jahren Euklid und die Einmaligkeit der Geometrie vom Thron gestürzt und die kreative Fantasie der Geometer befreit hatte.

Die Struktur des Universums ist also nicht mehr euklidisch? Die Geometrie des Raums ist nicht mehr so, wie Euklid sie uns erklärt hat? Und die Bahnen der Lichtstrahlen sind keine Geraden mehr? Wie ist das möglich? Wenn Sie das nicht unbesehen glauben können, haben Sie nicht einmal ganz unrecht. Die Alltagserfahrung spräche genau dagegen, dass nämlich der Raum den Theoremen Euklids, der die Geometrie als abgeschlossenes System beschrieb, folgt und das Licht geradlinig ist. Was aber ist der Raum? Wir werden bald sehen, wie Kant ihn definiert. Noch bevor wir aber versuchen, eine Definition zu liefern, halten wir fest, dass nicht einmal Euklid einen solchen Versuch machte. In den *Elementen* erforscht er die Eigenschaften der Feststoffe, doch den Raum definiert er nicht. Er sagt nur, dass ein Feststoff »das ist, was Länge, Breite und Tiefe hat«, mithin, was dreidimensional ist. Was er unter Raum versteht, ahnt man ab den ersten Theoremen, in denen von Ebenen die Rede ist, die sich entlang einer Geraden überschneiden, oder von senkrecht zu einer Ebene verlaufenden Geraden, und so weiter. Und was ist eine Gerade? Was für eine Frage! Das wissen wir doch natürlich alle, seit wir die Schulbank gedrückt haben.

Versuchen Sie einmal, eine Definition für sich selbst zu finden. Sie brauchen sie gar nicht auszusprechen: Was Ihnen als Erstes in den Sinn kommt, bezieht sich mehr oder weniger direkt auf etwas, das gerade, also nicht gekrümmt ist. Sie könnten sich rechtfertigen und sagen, Sie seien ja kein Mathematiker. Vielleicht tröstet es Sie, dass auch die Mathematiker jahrhundertelang auf dieselben Schwierigkeiten gestoßen sind. Unbestreitbar ist – und das ist oft der Fall in der Mathematik –, dass die scheinbar offensichtlichsten und vertrautesten Begriffe die am schwersten zu definierenden sind. So wurde die Äußerung des Enzyklopädisten und Mathematikers d'Alembert berühmt, der im Jahr 1759 schrieb: »Die Definition und die Eigenschaften der Geraden ebenso wie die der Parallelen sind die Stolpersteine und gewissermaßen der Skandal der Elemente der Geometrie.« Ja, und das liegt daran, dass auf diesen Definitionen und diesen Eigenschaften das ganze System der euklidischen Geometrie beruht. Und darum ist die Sache mit den Geraden und den Parallelen d'Alembert zufolge skandalös.

Die übliche Definition der Geraden, heißt es bei ihm weiter, ist die der kürzesten Verbindungslinie zwischen zwei Punkten. Dem können Sie nach einer kurzen Überlegung wahrscheinlich zustimmen. Doch dies, fährt der französische Gelehrte fort, scheint nicht so sehr ein simpler Begriff als eine Eigenschaft der Geraden zu sein. Wie kann man sagen, was die kürzeste Strecke ist? Und wer sagt denn, dass es von einem Punkt zu einem anderen nur einen einzigen kürzesten Weg gibt? Das überzeugt uns nur, weil die Aussage sich auf einen Begriff von einer Geraden bezieht, der diese Wahrheit implizit enthält. Wenn wir schon nicht imstande sind, eine befriedigende Definition der Geraden zu geben, können wir sehr wahrscheinlich auch keine Bestimmung gerader Parallelen liefern. D'Alembert scheint uns zu Hilfe zu kommen, wenn er darauf verweist, dass es parallel zu einer Geraden eine sogenannte komplanare Gerade gibt, die zwei von der gegebenen Geraden gleich weit entfernte Punkte verbindet, die im selben Teil der Ebene liegen, in welche die Gerade die Ebene teilt. Gut, aber dann müsste bewiesen werden, dass alle Punkte der Parallele sich im gleichen Abstand zur gegebenen Geraden befinden. Ohne Beweis anzunehmen, dies sei richtig, heißt, etwas anzunehmen, das in der Definition nicht enthalten ist. Dann fangen wir wieder von vorne an, wir beziehen uns wieder auf den Begriff des Abstands. Alles in allem, folgert d'Alembert, sei »die Theorie der Parallelen einer der heikelsten Punkte der Elemente der Geometrie«.

Im Übrigen muss daran erinnert werden, dass sich die Geometer seit der Antike mit dieser Theorie beschäftigen, bis um das Jahr 300 v. Chr. Euklid in den *Elementen* die Grundsätze der Geometrie festlegte. Nach der euklidischen Definition ist »die Gerade eine Linie, die bezüglich der Punkte auf ihr stets gleich liegt«. Sicher finden auch Sie, dass dies noch nicht der Gipfel der Klarheit ist. Dass die Gerade auch der kürzeste Weg zwischen zwei Punkten sei, kann Euklid nicht entgangen sein, wird allerdings nur von Archimedes ausdrücklich postuliert. Parallelen sind, Euklid zufolge, Geraden auf derselben Ebene, die sich in unbegrenzter Verlängerung nicht schneiden.

Die ersten drei Postulate der *Elemente* bieten die Möglichkeit, elementare geometrische Konstruktionen auszuführen (zwei Punkte mit einer Strecke zu verbinden, sie nach Belieben auf beiden Seiten zu verlängern, einen Kreis mit gegebenem Radius zu ziehen). Das vierte besagt, dass sich alle rechten Winkel gleichen. Auf den ersten Blick ist das fünfte Postulat, das sogenannte Parallelenaxiom, von ganz anderer Art: Bilden zwei Geraden, die von einer dritten Geraden (Transversale) geschnitten werden, Winkel auf dieser Seite, die zusammen kleiner als zwei rechte Winkel sind, dann treffen sich diese Geraden in unbegrenzter Verlängerung auf ebendieser Seite. Gleichwohl werden Sie zustimmen, dass dieses Axiom alles andere als selbstverständlich ist, jedenfalls ist es begrifflich ungleich komplexer als die ersten vier. Hierauf bezieht sich d'Alembert, wenn er von Stolpersteinen und dem Skandal der Geometrie spricht. Seine Bedeutung ist aber entscheidend: Auf diesem Axiom beruht nämlich die Konstruktion eines Quadrats und damit der Beweis des Satz des Pythagoras sowie alle daraus folgenden Theoreme.

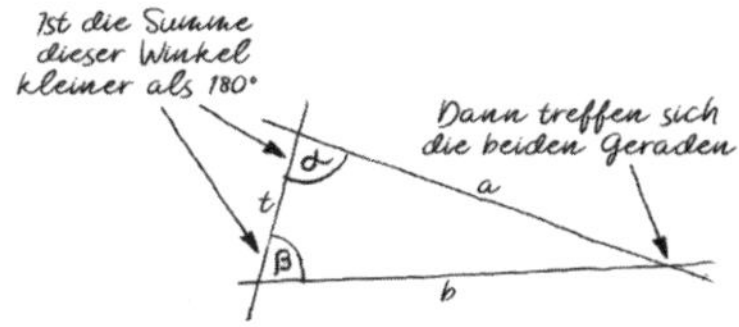

In seinem im 5. Jahrhundert n. Chr. verfassten Kommentar zu den *Elementen* beschreibt Proclos, dass bald der Gedanke aufkam, das fünfte Axiom könne durch die anderen vier bewiesen werden, vielleicht unter Hinzunahme eines neuen, das für augenfälliger als das euklidische Axiom erachtet wurde. In den Jahrhunderten danach wurde die vom euklidischen Postulat gestellte Herausforderung von einer Anzahl Mathematiker angenommen, die ihr ganzes Können bei dem vergeblichen Versuch einsetzten, es zu beweisen.

Einer dieser klugen Köpfe hält den Begriff der »gleich entfernten« Geraden für anschaulicher; er glaubt, auf die Ähnlichkeit der Figuren zurückgreifen und ihn mit einer von Proclos entlehnten Aussage ersetzen zu können: »Zu einem außerhalb einer Gerade liegenden Punkt können keine zwei zur selben Geraden Parallelen gezogen werden, ohne sich zu überschneiden.« Vielleicht wurde Ihnen das in der Schule in einer vergleichbaren Form beigebracht: Zu einem außerhalb einer Geraden liegenden Punkt gibt es nur eine einzige Parallele zur gegebenen Geraden. Doch wenn man darüber nachdenkt, ist dieses von John Playfair am Ende des 18. Jahrhunderts vorgelegte Postulat sogar weniger eindeutig als das euklidische. Jedenfalls ist es Letzterem gleichwertig in dem Sinne, dass Playfairs Postulat sich aus dem fünften Axiom ergibt und umgekehrt. So erging es auch den anderen Postulaten, die im Lauf der Zeit von vielen »Reformern« Euklids aufgestellt wurden, angefangen bei den Persern Umar ibn al-Khayyām und Naṣīr al-Dīn al Ṭūsī im 12. und 13. Jahrhundert bis zu John Wallis gegen Ende des 17. und bis hin zu Adrien-Marie Legendre am Ende des 18. Jahrhunderts.

Es gab auch einen Mathematiker wie den Jesuiten Girolamo Saccheri, der glaubte, das Axiom durch den Rückgriff auf die *consequentia mirabilis* beweisen zu können, das heißt die Überlegung, der zufolge aus der Negation einer Vorgabe *A* sich *A* ergibt, also *A* richtig ist, in den Worten Saccheris: »Dies scheint das Hauptmerkmal jeder Wahrheit zu sein, dass sie, ausgehend von ihrer als wahr angenommenen Negation, mittels einer wundersamen Widerlegung am Ende auf sich selbst zurückgeführt wird.« Betrachten wir die Figur, die Saccheri in *Euclides ab omni naevo vindicatus* (1733) birechtwinkliges Viereck nennt, also mit zwei rechten gleichschenkligen Winkeln, Winkel ∠A und ∠B, weil *AD* = *BC* ist.

Was lässt sich über die beiden anderen Winkel ∠C und ∠D sagen? Als Erstes, dass sie gleich sind, was sich unschwer erkennen lässt. An dieser Stelle ergeben sich drei Möglichkeiten: Die beiden Winkel $\angle C$ und $\angle D$ können beide rechtwinklig sein oder stumpf oder spitz. Jede dieser drei Möglichkeiten (Saccheri nennt sie Hypothesen) hat gewissermaßen Universalcharakter insofern als, wenn sich ein birechtwinkliges gleichschenkliges Viereck ergibt, es sich auch in jedem anderen birechtwinkligen gleichschenkligen Viereck ergibt.

Die Hypothese vom rechten Winkel stammt von Euklid, *ABCD* ist ein Rechteck und gilt natürlich für das fünfte Postulat. Mit der Anwendung der *consequentia mirabilis* gelingt Saccheri auch der Beweis, dass »die Hypothese vom stumpfen Winkel falsch ist, denn sie zerstört sich selbst«. Bleibt noch die Gegenhypothese vom spitzen Winkel, die einzige, die der Wahrheit des euklidischen Postulats entgegensteht. Gegen diese liefert er eine »nicht endende Schlacht«, seitenweise werden vielfach obskure Argumente bemüht, um zu dem Schluss zu gelangen, dass »diese Hypothese völlig falsch ist, weil sie der Natur der Geraden zuwider ist«. Haben Sie es bemerkt? Wir stehen wieder an unserem Ausgangspunkt: Ins Feld geführt wird wieder die »Natur« der Geraden. Und was wäre diese »Natur«? Vielleicht weicht Saccheri der Erkenntnis nicht aus, dass diese Hypothese zu Schlussfolgerungen führt, die der ursprünglichen Vorstellung dessen, was eine Gerade ist, widersprechen.

Im Zuge seiner »Schlacht« benennt und beweist Saccheri eine ganze Handvoll neuer und überraschender Theoreme, weshalb ihn jemand im Rückblick zum Vorläufer einer neuen, nichteuklidischen Geometrie erklärte. Doch Saccheri ist kein neuer Christoph Kolumbus, der auf der Suche nach einem neuen Weg nach Indien einen bislang unbekannten Kontinent entdeckt. Saccheri ist vielmehr überzeugt, nach Indien gelangt zu sein, gegenüber der »feindlichen Hypothese« des spitzen Winkels recht gehabt zu haben. Daher ist das ironische Erstaunen Paul Valérys bezüglich »dieses

Saccheri« fehl am Platz, der »ohne es zuzugeben eine Tür zu künftigen Kühnheiten der Geometrie zuschlägt«, denn im Grunde sei er ja nur ein Jesuit gewesen. Dabei ist Saccheri in seinen Vorschlägen nicht »jesuitisch«, vielmehr hat er einen »ptolemäischen« Glauben an die Wahrheit der euklidischen Geometrie. Wie dem auch sei, ungeachtet seiner mit Überzeugung vorgebrachten Aussagen befreit sein *Euclides* die *Elemente* nicht von einem *naevo* (Makel). Wenn das fünfte Axiom einen Fleck auf der euklidischen Weste der Wissenschaft vom Raum darstellt, dann bleibt er dort. Allerdings »verliert die Geometrie durch die Hand des Jesuiten ihre Unschuld«, um einen glücklichen Ausdruck von Imre Tóth zu gebrauchen. Dennoch wird noch mehr als ein Jahrhundert vergehen, bis dieser skandalöse Verlust der Unschuld öffentlich erklärt und weltweit anerkannt werden wird.

Saccheris Arbeit findet einen aufmerksamen Leser in Georg Klügel, der sich 1763 in seiner Göttinger Doktorarbeit damit auseinandersetzt. Klügels Fazit: Derzeit sei das Mindeste, was zugunsten eines »Verteidigers der reinen Wahrheit« wie Saccheri gesagt werden kann, dass die Postulate Euklids Wahrheiten sind, die kein vernünftiger Mensch jemals bestreiten würde. Derzeit, eben. Auf den Spuren Saccheris, den er von der Arbeit Klügels kennt, bewegt sich auch Johann Heinrich Lambert in seiner *Theorie der Parallellinien* (1776). Es ist derselbe Lambert, der bewiesen hat, dass π eine irrationale Zahl ist, jene Zahl, die auch das von den Mathematikern in Radianten ausgedrückte Maß eines ebenen Winkels, also eines Winkels von 180°, angibt. (Das heißt, 180° entsprechen π). Wie Saccheri tritt auch Lambert vergeblich gegen die Hypothese vom spitzen Winkel an, die diesmal für den vierten Winkel eines Vierecks mit drei rechten Winkeln formuliert wird.

Im Fall des stumpfen Winkels orientiert sich Lambert an der Geometrie der sphärischen Dreiecke – also der Dreiecke, die von drei Großkreisen auf der Oberfläche einer Kugel begrenzt werden –, um die Möglichkeit einer absoluten Messung der Längen abzuschätzen. Für solche Dreiecke versagt der Begriff der Ähnlichkeit in dem Sinn, dass ähnliche Dreiecke sogar untereinander gleich sind. Und seit Langem weiß man, dass nicht nur die Summe der Winkel α, β, γ eines sphärischen Dreiecks größer als 180° ist, also größer als π, dass aber die Fläche des sphärischen Dreiecks gegeben ist von $R^2(\alpha + \beta + \gamma - \pi)$, wobei R der Radius der Kugel ist. Was geschieht bei der Hypothese des spitzen Winkels? Anstatt eines »Überschusses« gibt es jetzt einen »Mangel« in Bezug auf π, wobei die Fläche gegeben ist von $r^2[\pi - (\alpha + \beta + \gamma - \pi)]$, wobei r eine Konstante ist. »Daraus müsste ich eigentlich schließen, dass diese Hypothese bei einer Kugel mit imaginärem Radius greift«, formuliert Lambert vorsichtig. Denn wenn $R = r\sqrt{-1}$ ist, dann wird die Formel $R^2(\alpha + \beta + \gamma - \pi)$, welche die Oberfläche des sphärischen Dreiecks angibt, zu $(r\sqrt{-1})^2 (\alpha + \beta + \gamma - \pi) = r^2[\pi - (\alpha + \beta + \gamma)]$.

Auf jeden Fall beschließt er vorsorglich, dieses Werk nicht zu veröffentlichen, und es erscheint erst 1786 postum. Wie Saccheris Schlussfolgerung widerspricht auch die seine der üblichen Auffassung vom Raum, die in den Worten Kants zum Ausdruck kommt, mit dem Lambert einen intensiven Briefkontakt pflegt. »Der Raum ist kein empirischer Begriff, der von äußeren Erfahrungen abgezogen worden« ist, schreibt der Königsberger Philosoph in der *Kritik der reinen Vernunft* (1781). »Der Raum ist eine notwendige Vorstellung a priori, die allen äußeren Vorstellungen zum Grunde liegt.« »Auf diese Notwendigkeit a priori gründet sich die apodiktische Gewissheit aller geometrischen Grundsätze«, die für Kant selbstverständlich die euklidischen sind.[1]

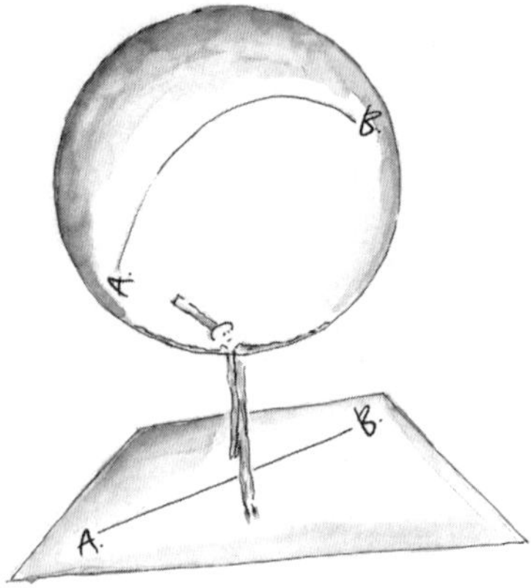

Und ein Jahrhundert später gilt das für Dostojewski immer noch. In einem langen Gespräch mit seinem Bruder Aljoscha lässt der Romanautor seinen Iwan Karamasow sinnieren: »Wenn Gott ist, und wenn er tatsächlich die Erde erschuf, so hat er sie, wie wir genau wissen, nach der Geometrie des Euklid erschaffen, und dem Geist des Menschen hat er nur den Begriff von drei Dimensionen gegeben.« Doch wie man seit der Antike weiß und wie es auch Lambert erklärt hat, folgt die Geometrie der Kugel nicht den Axiomen Euklids. Damals musste man in Petersburg schon von einer nichteuklidischen Geometrie gehört haben, denn Iwan fährt fort: »Dabei fanden sich und finden sich auch jetzt noch Geometer und Philosophen, und sogar von den ausgezeichnetsten, die daran zweifeln, dass die ganze Erde oder, noch weiter gefasst, das ganze Sein nur nach der Geometrie des Euklids geschaffen sei, ja, die sich erkühnen, sich vorzustellen, dass zwei parallele Linien, die sich doch nach Euklid nirgends auf der Erde schneiden, sich vielleicht irgendwo in der Unendlichkeit schneiden werden.«[2] Allerdings bringt Iwan die Dinge ein wenig durcheinander. Denn jene Geometrie war eben die Art, parallele Geraden zu bestimmen, die

Stendhals Henri Brulard aus einem »ungeschickten Katechismus« gelernt hatte. Das hat nichts mit der Infragestellung des berühmten Postulats zu tun.

DIE »WAHRE« GEOMETRIE DES RAUMES

Als Ergebnis der Sonnenfinsternis von 1919 stellte sich heraus, dass die euklidische Geometrie als Instrument für die neue »Struktur des Universums« ungeeignet war. Was ist nun die »wahre« Geometrie des Raumes? Vielleicht haben Sie sich das noch nie gefragt, und eigentlich erscheint Ihnen die Frage sinnlos. Ich kann Sie trösten, denn da waren Sie lange in guter Gesellschaft: Über zweitausend Jahre lang hat sich niemand diese Frage gestellt. Euklid lieferte in den *Elementen* eine Ordnung der Geometrie, die immer natürlich erschien, weil sie die spürbare Erfahrung in abstrakte Begriffe übersetzt und dies sogar mit apodiktischer Gewissheit, wie Kant erklärt. Es ist jedoch die Frage, die sich Carl Friedrich Gauß als ganz junger Mann stellte, als er über das Wesen der euklidischen Postulate – und vor allem des fünften – nachzudenken begann.

Schon als Student in Göttingen diskutiert er darüber mit seinem Kommilitonen Farkas Bolyai, der Jahre später eine eigene *Theoria parallelarum* (1804) veröffentlicht, in der er behauptet, es gebe voneinander gleich weit entfernte Geraden (woraus sich das euklidische Postulat herleitet). Allerdings begeht er in seiner Beweisführung einen Fehler, der von Gauß auch prompt aufgedeckt wird. Da ist Gauß noch überzeugt, dass es ihm gelingen würde, die Klippen zu überwinden, an denen der Versuch seines Freundes gescheitert war. Doch nach und nach scheint ab 1813 bei Gauß die Idee einer anderen als der euklidischen Geometrie Gestalt anzunehmen. Einen

Hinweis darauf finden wir in den Briefen an die engsten Freunde wie den Astronomen Heinrich Olbers. »Ich komme immer mehr zu der Überzeugung«, schreibt er ihm im April 1817, »dass die Notwendigkeit unserer Geometrie«, das heißt der euklidischen, »nicht bewiesen werden kann, wenigstens nicht durch den menschlichen Geist und auch nicht vom menschlichen Verstande. Vielleicht kommen wir in einem andern Leben zu andern Einsichten in das Wesen des Raumes, die uns jetzt unerreichbar sind.«[3] In einem anderen Leben? Und welchen Schluss müssen wir bis dahin ziehen?

Da fällt uns noch einmal Iwan aus den *Brüdern Karamasow* ein, als er zu Aljoscha sagt: »Ich gestehe demütig ein, dass ich keinerlei Fähigkeiten besitze, solche Fragen zu entscheiden, ich habe einen euklidischen, irdischen Verstand. Und wie sollten wir denn auch über das entscheiden, was nicht von dieser Welt ist?« Bestimmte Fragen wie die nach der Existenz Gottes sind für Iwan »Fragen, die durchaus nicht einem Geiste zukommen, der erschaffen ward mit dem Begriff von nur drei Dimensionen«.[4] An welche anderen Begriffe denkt hingegen Gauß? Hat Kant etwa die Notwendigkeit a priori der euklidischen Konzeption nicht ausführlich genug begründet? Gauß glaubt das nicht, er ist vielmehr überzeugt, dass die Geometrie eine empirische Grundlage hat, dass sie irgendwie mit der Mechanik zusammengehört. Allein die Arithmetik, die Theorie der Zahlen, ist absolut a priori, darin ist er sich mit dem Königsberger Philosophen einig.

Zu Beginn des 19. Jahrhunderts fasziniert das Problem der Parallelen auch Hobbygeometer wie den Juristen Ferdinand Schweikart, der Gauß eine Notiz zukommen lässt, in der er erklärt, dass es zwei Arten von Geometrie gibt, »eine Geometrie im engeren Sinne, also die euklidische, und eine zweite, eine Astralgeometrie«, die von einer bestimmten Konstante abhängt und auf die euklidische hinausläuft, jedoch mit der Hypothese, dass diese Konstante unendlich groß ist.

Franz Taurinus, eine Neffe Schweikarts und ebenfalls Jurist, veröffentlicht im Jahr 1825 eine *Theorie der Parallellinien,* in der er zu den gleichen Schlüssen kommt wie Saccheri und Lambert, die geheimnisvolle, von Schweikart unterstellte Konstante bestimmt und, da es keine Widersprüche gibt, die Hypothese des spitzen Winkels als »unserer Anschauung vom Raum zuwider« verwirft. Im Jahr darauf gibt er die *Geometriae prima elementa* in Druck, mit einem Anhang, der die Entwicklungen der rein analytischen Ableitungen des spitzen Winkels nachzeichnet, inklusive der Idee von Lambert, den Ausdruck $r\sqrt{-1}$ durch R in den Formeln der sphärischen Trigonometrie zu ersetzen.

»Bei mir ist es über dreißig Jahre her, dass ich mich mit diesem Gegenstand beschäftigt habe«, schreibt ihm Gauß, »und ich glaube nicht, dass jemand sich mit diesem Teil mehr beschäftigt haben könne als ich«, auch wenn er nichts darüber veröffentlicht hat. »Die Annahme, dass die Summe der 3 Winkel kleiner sei als 180°, führt auf eine eigene, von der unsrigen (euklidischen) ganz verschiedene Geometrie, die in sich selbst durchaus konsequent ist«, heißt es weiter. »Die Sätze jener Geometrie scheinen zum Teil paradox und dem Ungeübten ungereimt; bei genauerer ruhiger Überlegung findet man aber, dass sie an sich durchaus nichts Unmögliches enthalten.« Er selbst versuchte, darin Widersprüche zu entdecken, doch alle seine Versuche sind fruchtlos gewesen.

Was die von Schweikart eingeführte Konstante betrifft, so ist richtig: je größer ihr Wert ist, desto mehr nähert sich die neue Geometrie der euklidischen an, um mit dieser übereinzustimmen, wenn die Konstante unendlich groß ist. Und richtig ist sicherlich auch, dass die Annahme der Existenz einer solchen Konstante, »eine an sich bestimmte, obwohl uns unbekannte Größe«, etwas ist, das unserem Verstand widerstrebt. »Mir deucht jedoch«, schließt Gauß, »wir wissen, trotz der nichtssagenden Wortweisheit der Metaphysiker, zu wenig oder gar nichts über das wahre Wesen des Raums.«[5] Um »das Summen der Wespen« an seinem Ohr oder »das Geschrei der Böotier zu vermeiden«, das heißt die Gerüchte, die offene Polemik, wenn nicht gar die Lächerlichkeit, behielt Gauß seine revolutionären Ideen über das Wesen des Raumes für sich und bat die Freunde, denen er sich anvertraute, Stillschweigen darüber zu wahren.

Während Gauß sich in absoluter Geheimhaltung übte und sich in einsamer Forschungsarbeit in neue Gebiete der Geometrie begab, hatte sein alter Studienkollege Farkas Bolyai, ungeachtet des Scheiterns bei seinem ersten Versuch, die Forschungen nicht aufgegeben. Das Postulat der Parallelen ist »ein Labyrinth, das mich nicht loslässt«, schreibt er 1819 einem Freund.[6]

Die Bilanz seiner hartnäckigen Versuche nimmt im Brief die dramatischen Töne eines Schiffbruchs angesichts der unverrückbaren Säulen des Herkules an, die sich in diesen Gefilden befinden: »Ich bin bei allen Klippen dieses höllischen Toten Meeres vorbeigefahren, und von überall kehrte ich mit zerschmettertem Mastbaum und zerfetzten Segeln zurück.«

Jenes »Labyrinth« zieht schließlich auch seinen Sohn János in seinen Bann, der wie der Vater zunächst entschlossen ist, das umstrittene Postulat zu beweisen. »Du darfst die Parallelen auf jenem Wege nicht versuchen. Ich kenne diesen Weg bis ans Ende«, warnte ihn der Vater. »Ich beschwöre Dich bei Gott! Lass die Lehre von den Parallelen in Frieden«, denn wie die Leidenschaft der Sinne »kann [sie] Dich um all Deine Muße, um die Gesundheit, um Deine Ruhe und um Dein ganzes Lebensglück bringen.« Kurzum, »Du sollst davor denselben Abscheu haben wie vor einem liederlichen Umgang«, ermahnt ihn Farkas. »Es ist eine wahre Krankheit, eine Art von Narrheit, eine tyrannische Idee. Es ist gleich wie des Zirkels Quadratur, das Suchen des Steins des Weisen, das Goldmachen, das Schatzgraben.«[7] Doch ungeachtet der Abschreckungsversuche, der eindringlichen Appelle, sich nicht zu versteifen, schlägt der junge János die väterlichen Ratschläge in den Wind. Oder vielleicht will er sich gerade in seiner stolzen Opposition gegen den Vater behaupten, wie jüngste psychoanalytische Lesarten des Falles nahelegten – und macht das Thema zum Gegenstand seiner unermüdlichen Überlegungen.

Doch wie Gauß ändert auch er nach und nach im Jahr 1823 seine Meinung; nachdem er einige grundlegende Formeln einer nichteuklidischen Geometrie gefunden hat, schreibt er enthusiastisch an den Vater: »Ich habe so erhabene Dinge herausgebracht, dass ich selbst erstaunt war und es ewig schade wäre, wenn sie verloren gingen.«[8] Mit ganz ähnlichen Worten vertraute Gauß im Jahr 1831 einem Freund an, er habe begonnen, seine Überlegungen zu diesem Thema, die zum Teil vierzig Jahre zurückreichten, schriftlich festzuhalten. Überlegungen, über die er bis dahin noch nie etwas geschrieben hatte.

Im Augenblick höchster kreativer Begeisterung schlug für den jungen János die schicksalhafte Stunde, leuchtete das strahlende Licht der mathematischen Erfindung, und er schreibt an den Vater: »Ich kann Dir nur so viel sagen: Ich habe aus nichts eine neue Welt geschaffen.«[9] Eine Erfindung mit epochalen Folgen. Halb im Ernst und halb im Spaß gab ein Jahrhundert später der englische Physiker Joseph John Thomson seinen Kommentar dazu: »Wir haben das Universum von Einstein, das Universum von de Sitter, die Universen, die expandieren, die Universen, die sich kontrahieren, die pulsierenden Universen und die mysteriösen.« Ganz zu schweigen von Kurt Gödels Modell des Universums (1949), das die Einstein'schen Gleichungen erfüllt und – theoretisch – Reisen in die Vergangenheit zulässt. »Eigentlich kann der reine Mathematiker«, stellte J. J. Thomson abschließend fest, »ein Universum erschaffen, indem er eine Gleichung hinschreibt, und wenn er Individualist ist, kann er sich seine eigene Welt erstellen.« Und so hat es János Bolyai im Grunde auch gemacht.

Angesichts der »neuen Welt« seines Sohnes hat Farkas keine Zweifel: János ist ein außerordentlicher Mathematiker, ein wahres Genie, und er ermutigt ihn, seine Entdeckungen publik zu machen, »weil die Ideen leicht in einen anderen übergehen« und »das wissenschaftliche Streben nur ein großer Krieg [ist]«, und »so muss man, wenn man es vermag, siegen, indem hier nur dem ersten der Vorrang zukommt«.[10] Allerdings erscheint die neue, vom euklidischen Postulat der Parallelen unabhängige Welt, die János verkündete, erst 1832 im Druck, und zwar nicht als eigenständige Publikation, sondern als *Appendix scientiam spatii absolute veram exhibens*, als *Anhang zur absolut wahren Wissenschaft des Raumes* am Ende des Werkes *Tentamen juventutem studiosam in elementa matheseos* seines Vaters. In diesem seinem neuerlichen beharrlichen Versuch, das euklidische Parallelenaxiom zu beweisen, hat Farkas dennoch eine atemberaubende Eingebung: »Ein umfassendes Herangehen an den Umgang mit der Geometrie beginnt bei der Analyse von Raum und Zeit«, und folglich, fährt er prophetisch fort, müssen »die Zeit und der kosmische Raum, diese beiden ewigen Brüder, anstatt zwangsweise getrennt zu sein, eng aneinandergekoppelt werden, um sich gegenseitig helfen zu können«.

Es hat nicht den Anschein, dass in der 1902 in Bern von Einstein und ein paar Freunden gegründeten »Akademie Olympia« das *Tentamen* in Umlauf war, andernfalls hätte sich der junge Albert 1905 (als er seine bahnbrechende Arbeit über die Relativität veröffentlichte) nur über die prophetische Vision des alten Bolyai freuen können, die im Jahr 1908 Hermann Minkowski in einem berühmten Vortrag über die spezielle Relativitätstheorie neu formulierte:

»Ihre Tendenz ist eine radikale. Von Stund' an sollen Raum für sich und Zeit für sich völlig zu Schatten herabsinken und nur noch eine Art Union der beiden soll Selbständigkeit bewahren.«[11] Ähnlich wird sich Eddington auf der Sitzung der Royal Society vom 12. Dezember 1919 ausdrücken, die den »revolutionären Veränderungen« gewidmet ist, die aufgrund der Daten aus den Beobachtungen der Sonnenfinsternis erforderlich geworden waren: »Vom Gesichtspunkt der Relativität ist in der Natur die Raum-Zeit-Verbindung grundlegend; den Raum von der Zeit getrennt zu betrachten, ist reine Idiosynkrasie des Betrachters.«

War die Vermutung Farkas' prophetisch, ist der *Appendix* des Sohnes revolutionär. Was ist die »absolut wahre« Geometrie, von der János spricht? Wenn das auf dem euklidischen Postulat fußende System **Σ** heißt und *S* das auf seiner Negation beruhende System, erklärt János, wird alles, was nicht ausdrücklich entweder **Σ** oder *S* zugeordnet wird, als absolut benannt. Anders ausgedrückt: Wahr ist, unabhängig von der Realität, **Σ** oder *S*. Und dann ist die Geometrie, die János entwickelt, absolut, angefangen bei der Definition paralleler Geraden und ihrer Eigenschaften unabhängig vom Parallelaxiom Euklids. Dann betrachtet er Kreise und Kugeln mit unendlichem Radius und zeigt, dass die Geometrie auf der Oberfläche einer solchen Kugel mit der gewöhnlichen ebenen Geometrie identisch ist. Ferner beweist er die Formeln der sphärischen Trigonometrie, die vom Parallelaxiom unabhängig sind, sowie die der ebenen Trigonometrie in der nichteuklidischen Hypothese. Und schließlich, gleichsam als Kampfansage, beweist er, dass es in dieser letzten Hypothese, das heißt, was später hyperbolische Ebene genannt werden wird, möglich ist, einen Kreis zu quadrieren und mit Lineal und Zirkel das einem gegebenen Kreis äquivalente Quadrat zu konstruieren.

Letzten Endes, stellt János Bolyai fest, »gilt entweder die Wahrheit des XI. Axioms Euklids oder die geometrische Quadratur des Kreises, obwohl es immer noch unentschieden geblieben ist, was davon in Wirklichkeit stattfindet«. »Es bliebe endlich übrig […], den Beweis dafür zu geben, dass es unmöglich ist, a priori zu entscheiden, ob **Σ** oder irgendein (und welches) *S* stattfindet«,[12] ein Problem, das anzugehen er sich für eine künftige Gelegenheit vorbehält, die sich allerdings nie ergibt. Für Gauß indessen liegt »gerade in der Unmöglichkeit, zwischen **Σ** und *S* a priori zu entscheiden, der klarste Beweis, dass Kant unrecht hatte zu behaupten, der Raum sei *nur* Form unserer Anschauung«.[13]

Farkas Bolyai machte das Werk seinem alten Kommilitonen zum Geschenk, doch die Antwort war ein schwerer Schlag für den jungen János. »Ich kann nicht anders«, schrieb der *princeps mathematicorum*, »sie [die Arbeit des Sohnes] loben hieße, mich selbst loben: denn […] die Resultate, zu denen er geführt ist, kommen fast durchgehends mit meinen eigenen, zum Teile schon seit 30–35 Jahren angestellten Meditationen überein. In der Tat bin ich dadurch aufs Äußerste überrascht […] und höchst erfreulich ist es mir, dass gerade der Sohn meines alten Freundes es ist, der mir auf eine so merkwürdige Art zuvorgekommen ist« und ihm die Mühe der Veröffentlichung ersparte.[14] Auch wenn für Farkas der Brief »eine Ehre für unser Vaterland« war, so war János nicht dieser Ansicht. Es war gewiss nicht das, was der junge Mann zu hören gehofft hatte.

Sie werden zugeben, dass die Antwort des großen Mathematikers wahrlich etwas kleinlich war. Es ist geradezu unverständlich, wenn man bedenkt, dass Gauß in einem Brief an den befreundeten Mathematiker Christian Gerling anerkannte, dass der junge Bolyai ein Genie ersten Ranges war, das seine eigenen, die Gauß'schen Ideen, noch eleganter entwickelt hatte. Schade, dass er ihm das Lob nicht über den Vater mitgeteilt hatte. Es heißt, Gauß habe einen üblen Charakter gehabt, und jener Brief an Farkas ist dafür vielleicht ein Beweis, doch bestimmt hat er sich nicht zu Unrecht mit seiner Leistung gebrüstet, was die in seinem Archiv gefundenen Papiere und die postum veröffentlichten Briefe bezeugen. János glaubte jedoch bis an sein Lebensende, hinter diesem Brief stecke ein ungeschickter Versuch von Gauß, seine Ergebnisse als seine eigenen auszugeben, und er verdächtigte sogar den Vater, sie ihm hinter seinem Rücken mitgeteilt zu haben.

János, der in einer Militärakademie fernab der Familie aufgewachsen und psychisch instabil war, dem der Tod der Mutter und die schwelenden Spannungen und schwankenden Beziehungen zum Vater, die geprägt waren von widerstreitenden Gefühlen der Identifikation und Rivalität, hart zusetzten, wurde von dieser Geschichte schwer gebeutelt. Das ging so weit, dass er trotz seiner Ernennung zum Kapitänleutnant im Jahr 1833 schon ein Jahr darauf in den Ruhestand versetzt wurde, weil er den Verpflichtungen des Militärdiensts nicht nachkommen konnte. Er veröffentlichte keine einzige Zeile zur Mathematik mehr, beschäftigte sich jedoch weiterhin mit der Materie in zunehmender Einsamkeit und vertraute seine Überlegungen dem Berg von Papieren an, die nach seinem Tod gefunden wurden. Neben dem Fortschritt in der Mathematik strebte er nach dem Glück der Menschheit, das er mittels der Schaffung einer perfekten Sprache zu erlangen gedachte, die er *Lehre von der universalen Erlösung* nannte. Es blieb bei handschriftlichen Entwürfen, die erkennbar von Schizophrenie zeugen.

Der alte Bolyai hatte recht, als er dem Sohn schrieb, es liege »auch darin einige Wahrheit, dass manche Dinge gleichsam eine Epoche haben, wo sie dann an mehreren Orten aufgefunden werden, gleichwie im Frühjahr die Veilchen mehrwärts ans Licht hervorkommen«.[15] Er konnte sich bestimmt nicht vorstellen, dass ohne das Wissen von Gauß, ihm selbst und seinem Sohn ähnliche Überlegungen wie die von János schon einige Zeit zuvor fernab von Göttingen geäußert worden waren.

Für Nikolai Lobatschewski, Professor an der Kasaner Universität, schlug 1826 die schicksalhafte Stunde, als er die Grundsätze einer neuen geometrischen Welt aufdeckte. Seinen Kollegen an der Fakultät präsentierte er eine Zusammenfassung, doch diese *Exposition succincte des principes de la géometrie*, von der nur der Titel erhalten ist, wurde für zu revolutionär erachtet, um veröffentlicht zu werden. Doch er ließ sich nicht entmutigen, und der Inhalt seiner *Exposition* wurde später mit dem Aufsatz *Über die Anfangsgründe der Geometrie* allgemein bekannt, der 1829 im *Kasaner Boten* erschien. Die Aufnahme, die er bei der russischen Mathematikergemeinde findet, unterscheidet sich allerdings nicht von der seiner Kasaner Kollegen. Als die Arbeit dem Urteil der Petersburger Akademie vorgelegt wird, lehnt diese sie als »zum größten Teil unverständlich« und damit der Beachtung vonseiten der Akademie nicht würdig ab.

In einer Zeitschrift werden ihm offen »anmaßende und falsche neue Erfindungen« vorgeworfen. Was der anonyme Rezensent »falsche Erfindungen« nennt, steht in Wahrheit weitgehend im Gegensatz zu den Anschauungen, die in der Geometrie Lobatschewskis (ebenso wie in der Bolyais) vertreten werden. Ein Beispiel: »Die Linien, die von einem Punkte ausgehen, werden eine in derselben

Ebene gegebene Gerade entweder schneiden oder niemals mit ihr zusammentreffen, wie weit sie auch verlängert werden mögen.«[16] Die Geraden *n* und *m* sind parallel zu *r* in beide Richtungen. Wie ist das möglich? Zwei verschiedene Geraden, die von einem Punkt *P* ausgehen und parallel zu einer Geraden *r*? Machen Sie sich nichts draus, wenn Sie aus einer Zeichnung nicht schlau werden: Es ist unmöglich auf euklidischer Ebene.

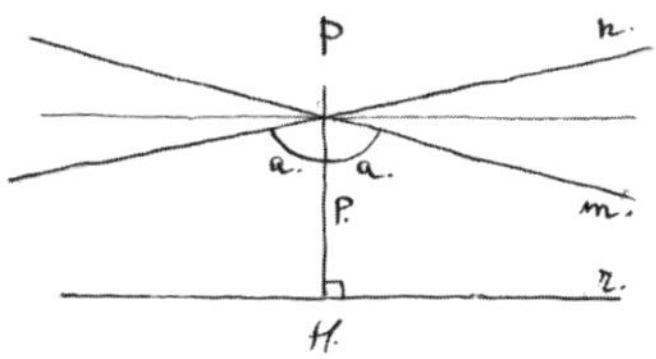

Eine entscheidende Rolle in jener neuen geometrischen Welt spielt der Begriff des Parallelwinkels, also der Winkel α, der von der Länge der Strecke $PH = p$ rechtwinklig zu *r* abhängt. α kann maximal rechtwinklig sein, in diesem Fall haben wir die Geometrie Euklids. Ist α hingegen variabel und kleiner als rechtwinklig, haben wir die Geometrie, die Lobatschewski in einem Aufsatz von 1835 »imaginär« nennt. In dieser Geometrie ist die Fläche eines Dreiecks proportional zum »Winkelfehler« $[\pi - (\alpha + \beta + \gamma)]$, das heißt, wie Lambert vermutet hatte, zu dem, was der Winkelsumme $\alpha + \beta + \gamma$ des Dreiecks zu zwei rechten Winkeln fehlt, nämlich zu π. Und dann gibt es auch Dreiecke mit beliebig großen Schenkeln, aber mit endlicher Fläche und ähnliche Kuriositäten, die manchen damaligen Mathematiker veranlassten, von einer »Irrenhausgeometrie« zu sprechen.

Wie János Bolyai betrachtet auch Lobatschewski den »Grenzwert, zu dem eine Kugel bei der Vergrößerung ihres Radius tendiert«, und wie dieser beweist er, dass die Geometrie zu einer solchen »Horosphäre« mit unendlichem Radius euklidisch ist und dass die sphärische Trigonometrie vom euklidischen Parallelenaxiom unabhängig ist, und schließlich bekommt er die gleichen Formeln für die nichteuklidische hyperbolische Trigonometrie, in denen eine geheimnisvolle Konstante auftaucht, die das geometrische System kennzeichnet, eine Konstante, deren Natur allerdings keiner der beiden erklären kann. Anders als der junge Bolyai kapituliert der Russe nicht angesichts der feindseligen und verunglimpfenden Reaktionen auf seine geometrischen Auffassungen, die er im Artikel *Imaginäre Geometrie* (1835; deutsch 1904) erarbeitet, dann in einer breit angelegten Abhandlung über *Neue Anfangsgründe der Geometrie* (1835–38) ausbreitet (beide wurden ins Französische übersetzt). Der auf Deutsch publizierte Band *Geometrische Untersuchungen zur Theorie der Parallellinien* (1840) erregte die Aufmerksamkeit von Gauß, der sich für die Aufnahme Lobatschewskis in die Göttinger Akademie der Wissenschaften einsetzte. Schließlich veröffentlichte der russische Mathematiker 1855 die *Pangeometrie*, die im Jahr darauf ins Französische, 1902 ins Deutsche übersetzt wurde.

Welche ist nun letzten Endes die wahre Geometrie des Raumes? Die »vergeblichen Mühen« der Geometer hatten Lobatschewski auf den Gedanken gebracht, dass die Wahrheit geometrischer Aussagen in ähnlicher Weise überprüfbar seien wie die anderen physikalischen Gesetze, allein durch die Erfahrung. Vor allem die Messung der Winkel des astronomischen Dreiecks aus Erde, Sonne und dem Stern Sirius hatte ihn davon überzeugt, dass die Abweichung der Winkelsumme von π unerheblich und jedenfalls mangelhaften Instrumenten zuzuschreiben sei. Darum schrieb er im Artikel *Imaginäre Geometrie*, »dass die Summe der Winkel eines Dreiecks kleiner als zwei Rechte ist, darf nur in der Anwendung auf die Analysis angenommen werden, weil die Ausmessung in der

Natur uns bei dieser Summe auch nicht die geringste Abweichung […] zeigt«.[17] Wenn aber die »wahre« Geometrie des Raumes die euklidische war, wie die Experimente zu bestätigen schienen, dann brachen die kühnen geometrischen Konstruktionen der beiden jungen Revolutionäre in die vertraute euklidische Normalität ein. Was war überhaupt der Nutzen ihrer fantastischen Spekulationen?

GEKRÜMMTE RÄUME

Gauß war der Einzige, der den Ideen Lobatschewskis Anerkennung gezollt hatte. Jahre zuvor hatte er vergleichbare Ergebnisse erzielt für ein ebenes Dreieck, das von den Gipfeln des Brocken im Harz, des Hohen Hagen bei Dransfeld und des Inselbergs im Thüringer Wald gebildet wird. Die Daten veröffentlichte er in einer bahnbrechenden Schrift zusammen mit dem Kommentar, dass die Differenz zwischen π und der Winkelsumme dieses Dreiecks (und allgemein in Dreiecken, die auf der Erdoberfläche messbar sind) immer als vernachlässigbar betrachtet werden kann. Kurzum, es gab keine empirische Evidenz zum Beweis seiner Einsichten in eine mögliche nichteuklidische, »astrale« Geometrie, wie Schweikart sie damals nannte. Doch Gauß' *Disquisitiones generales circa superficies curvas* (*Allgemeine Untersuchungen über gekrümmte Flächen*) markierten dennoch einen Wendepunkt in der Geschichte der Geometrie und besonders des Verständnisses der Oberflächen.

Die Vorstellung, die einem vielleicht spontan in den Sinn kommt, wenn man sich eine Oberfläche denkt, ist der Umriss eines Körpers: die Oberfläche eines Tisches, eines Balls, eines Gefäßes, der Bildschirm eines Computers, kurzum, eines Körpers im Raum. »Eine Oberfläche ist die Begrenzung eines Festkörpers«, hatte

Euklid gesagt. Die Gauß'sche »neue Betrachtungsweise« begreift die Oberflächen als »Körper mit unendlich kleiner Ausdehnung«. Wir können uns einen hauchdünnen, flexiblen, aber nicht dehnbaren Schleier vorstellen, verformbar, ohne zu zerreißen, zu verzerren oder Falten zu werfen. Ist das alles?, werden Sie sagen. Vielleicht erscheint Ihnen dies als eine geringfügige Umstellung, in Wirklichkeit ist es ein Riesenschritt, der es Gauß ermöglichte, mittels der mächtigen Instrumente, die von der Infinitesimalrechnung geliefert werden, jene Eigenschaften zu erforschen, die unabhängig von den unterschiedlichen Formen sind, die die Oberfläche annehmen kann.

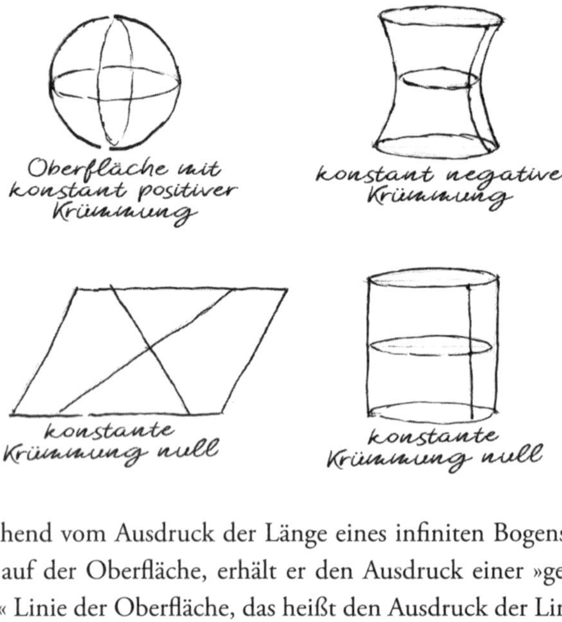

Ausgehend vom Ausdruck der Länge eines infiniten Bogens einer Linie auf der Oberfläche, erhält er den Ausdruck einer »geodätischen« Linie der Oberfläche, das heißt den Ausdruck der Linie des kürzesten Weges zwischen zwei Punkten. Bei einer Kugel ist es der maximale Kreisbogen, der durch zwei Punkte führt. Deswegen verläuft zum Beispiel die Flugroute bei einem Interkontinentalflug von Mailand nach San Francisco über Grönland. Bei einer Ebene verbindet die gerade Strecke zwei Punkte. Hier stoßen wir wieder auf die Definitionen der Geraden, die zu Beginn erörtert wurden. Man könnte sagen, dass eine geodätische Linie das Äquivalent auf einer gekrümmten Oberfläche zu einer Geraden auf der Ebene ist.

Was ist der Unterschied zwischen der Oberfläche der Kugel und einer Ebene? Was für eine Frage!, werden Sie wieder sagen. Der Unterschied ist klar, die eine ist gekrümmt, die andere flach. Und für die Oberfläche eines Zylinders und die einer Ebene soll das Gleiche gelten? Vielleicht würden Sie dem zustimmen, aber Gauß behauptet, dass dem nicht so ist. Er führt einen neuen Gesichtspunkt für die Messung der Krümmung einer Oberfläche an einem Punkt P ein und beweist, dass das Ausmaß $k(P)$ der Krümmung, das man damit bekommen hat, dem Produkt $c_m \times c_M$ der »Hauptkrümmungen« c_m und c_M entspricht. Die wurden seinerzeit von Euler definiert, als er die unendlichen Ebenen untersuchte, die durch eine Senkrechte im Punkt P gehen auf der Ebene, die die Oberfläche und die auf der Oberfläche erhaltenen gekrümmten Strecken berühren. (Wird die Ebene um die Gerade gedreht, bekommt man die minimal gekrümmten Abschnitte c_m und die maximalen c_M entsprechend zu den beiden rechtwinklig zueinander stehenden Ebenen.) Je nachdem, ob $k(P)$ größer, kleiner oder gleich null ist, gibt es drei Typen von Punkten (Hügel, Sattel, parabolischer Punkt) und drei Typen von Oberflächen mit konstanter positiver, negativer oder keiner Krümmung. Bei einer Kugel mit dem Radius r ist die Krümmung $1/r^2$.

Bei einem Zylinder sind die beiden rechtwinklig zueinander stehenden Rundungen eine Gerade, die eine Krümmung gleich null bilden, und der Umfang hat die Krümmung $1/r$. Ihr Produkt ist gleich null. Überraschung! Die Oberfläche eines Zylinders hat die Krümmung null wie die Ebene! Und dasselbe gilt für die Oberfläche eines Kegels. Die Oberfläche eines Zylinders (und eines Kegels) kann sich auf einer Ebene ohne Falten oder Verzerrungen »ausdehnen«, was zum Beispiel bei der Oberfläche einer Kugel mit dem Radius r und einer Ebene nicht der Fall ist. Das ist es, was das von Gauß bewiesene *theorema egregium* aussagt: »Kann sich eine Oberfläche über einer anderen entwickeln, bleibt das Ausmaß der Krümmung in den einzelnen Punkten unverändert.« Und genau deswegen kann aus geometrischer Sicht kein noch so kleiner Teil der Erdoberfläche auf einer Landkarte absolut getreu dargestellt werden. Um eine Landkarte zu erstellen, müssen wir zwangsläufig auf die Darstellung einiger Eigenschaften der Kugel verzichten. Die Mercator-Projektion zum Beispiel, so benannt nach dem dänischen Astronomen und Kartografen, der sie im 16. Jahrhundert erfunden hat, wahrt die Winkel (und damit die Gestalt der Kontinente), jedoch nicht die Entfernungen und Flächen. Bis heute wird sie von Google Maps verwendet.

Aus dem *theorema egregium* leitete Gauß auch das »hochelegante« Theorem, bezogen auf ein Dreieck, ab, das von den geodätischen, drei Punkte verbindenden Linien einer Oberfläche gebildet wird: Die gesamte Krümmung des Dreiecks ist gleich der Überschreitung (oder der Unterschreitung) der Winkelsumme bezogen auf π. Dies war die geheimnisvolle Konstante, die in der Flächenformel Bolyais und Lobatschewskis und in den trigonometrischen Formeln der nichteuklidischen hyperbolischen Ebene auftaucht.

Die *Disquisitiones* von Gauß kündigen den bevorstehenden schicksalhaften Moment an, der nach den neuen Geometrien Bolyais und Lobatschewskis unser Verständnis des Raumes endgültig und radikal revolutioniert. Der 10. Juni 1854 sollte unsere Art, an den Raum zu denken, grundlegend verändern: An jenem Tag hält Bernhard Riemann, ein schüchterner, introvertierter Schüler von Gauß, an der Göttinger Fakultät seine Antrittsvorlesung als ordentlicher Professor. Das Thema (»*Über die Hypothesen, welche der Geometrie zu Grunde liegen*«) hatte sein Lehrer ausgewählt, der die Auffassungen seines genialen Schülers in diesem Bereich kennenlernen wollte. Die Erwartungen wurden nicht enttäuscht. »Bekanntlich setzt die Geometrie sowohl den Begriff des Raumes als auch die ersten Grundbegriffe für die Konstruktionen im Raume als etwas Gegebenes voraus«, so beginnt Riemann seinen Vortrag. »Sie gibt von ihnen nur Nominaldefinitionen, während die wesentlichen Bestimmungen in Form von Axiomen auftreten.« Gleichwohl ist die »Dunkelheit, [die] auch von Euklid bis auf Legendre« die Beziehungen zwischen den Axiomen umgibt, »weder von den Mathematikern noch von den Philosophen, welche sich damit beschäftigten, gehoben«. Riemann hält sich aus einer Analyse solcher Fragen heraus: Seiner Ansicht nach sind so viele »Reformatoren« Euklids daran gescheitert, dass »der allgemeine Begriff mehrfach ausgedehnter Größen, unter welchen die Raumgrößen enthalten sind, ganz unbearbeitet blieb«.[18] Und diese Aufgabe zu lösen ist er angetreten.

In seiner Vorlesung gibt Riemann eine allgemeine Einführung in die Ergebnisse von Gauß bezüglich der Oberflächen auf einer neuen Wesenheit der Geometrie, also ein neues Konzept zur Begründung der Geometrie des Raumes (er nennt es »Mannigfaltigkeit«) mit einer Zahl von *n* Dimensionen. Eine Ebene oder eine Oberfläche sind Beispiele einer »zweifach ausgedehnten Mannigfaltigkeit«. Für die Mannigfaltigkeit mit *n* Dimensionen führt er den Begriff des Maßes ein, der im Fall der Mannigfaltigkeit den Satz des Pythagoras zur Messung einer Länge, einer Fläche, eines Volumens oder Hypervolumens je nach der Dimension der Mannigfaltigkeit verallgemeinert. Er definiert geodätische Linien und Krümmungen einer Mannigfaltigkeit. Und das sind die gekrümmten Linien der Lichtstrahlen im Augenblick der Sonnenfinsternis von 1919: Das sind die geodätischen Linien in der Raumzeit, eine Mannigfaltigkeit mit vier Dimensionen, ausgestattet mit einem entsprechenden Maß!

Riemann stellt fest: »Bei der Ausdehnung der Raumkonstruktionen ins Unmessbargroße ist Unbegrenzheit und Unendlichkeit zu unterscheiden; jene gehört zu den Ausdehnungsverhältnissen, diese zu den Maßverhältnissen.« Was ist letzten Endes der Raum, der uns umgibt? »Eine unbegrenzte dreifach ausgedehnte Mannigfaltigkeit«, so Riemann, »ist eine Voraussetzung, welche bei jeder Auffassung der Außenwelt angewandt wird […]. Die Unbegrenztheit des Raumes besitzt daher eine größere empirische Gewissheit als irgendeine äußere Erfahrung. Hieraus folgt aber die Unendlichkeit keineswegs.« Er müsste vielmehr »notwendig endlich sein, sobald dieses Krümmungsmaß einen noch so kleinen positiven Wert hätte«. Dabei verweist er auf die Möglichkeit neuer Geometrien, die einmal elliptisch genannt werden. Am Ende erwähnt er mögliche Untersuchungen über »die Maßverhältnisse im Raume«, doch um diese Fragen zu entscheiden, führe dies »hinüber in das Gebiet einer anderen Wissenschaft, in das Gebiet der Physik«, ausgehend von Newtons Auffassung, um »diese durch Tatsachen, die sich aus ihr nicht erklären lassen, allmählich umzuarbeiten«.[19]

Die Sprache des ganzen Vortrags war nicht leicht zugänglich, und die kryptischen Worte, mit denen er schloss, waren eine Art Weissagung, die er den künftigen Mathematikern hinterließ. Der prophetische Gehalt dieses 1868 postum veröffentlichten Vortrags sollte sich erst im darauffolgenden Jahrhundert erweisen. Bis dahin, daran erinnerte der Nobelpreisträger Paul A. M. Dirac auf einer Konferenz im Jahr 1963, »hatten die Physiker mit dem Raum immer als der dreidimensionalen Ebene von Newton gearbeitet«, das heißt mit dem euklidischen ungekrümmten Raum, der danach zur Raumzeit erweitert wurde, dem flachen vierdimensionalen Raum der speziellen Relativitätstheorie. »Das physische Bild der Natur«, so Dirac weiter, wurde mit dem Übergang zu einem vierdimensionalen gekrümmten Raum verändert, der von der allgemeinen Relativitätstheorie festgelegt wurde, der Theorie des genialen deutschen Physikers, der Newton entthront hat, wie die Londoner *Times* erschüttert titelte.

Epilog

»Darf ich mich erkundigen? Mathematik, wie ich weiß?«, fragt Klaus Heinrich, der Prinz in Thomas Manns Roman *Königliche Hoheit,* seinen jungen amerikanischen Gast mit wohlwollendem Interesse an dessen Studien. »Es strengt Sie nicht an? Ist es nicht furchtbar hart für den Kopf?« Die Antwort der jungen Dame kommt jedenfalls unerwartet: »Gar nicht. Ich weiß nichts Hübscheres. Man spielt in den Lüften, sozusagen, oder schon außerhalb der Luft.«[1] Haben Sie die Geschichten auf diesen Seiten etwas von der geheimen Faszination der Zahlen ahnen lassen? Sie verrieten den schicksalhaften Augenblick, als die Null aus dem Nichts entstand, erzählten von der Allgegenwart der goldenen Zahl φ im lebendigen Universum, sie enthüllten die verborgene Natur von π. Aber dass die Mathematik das Hübscheste sein könne, das geht dann wohl doch zu weit! Viele von Ihnen werden mit dem Fräulein Spoelmann nicht einverstanden sein, schon gar nicht mit ihrer Idee, die Mathematik sei ein Spiel so leicht wie die Luft.

Man meint, Meton zu hören, erinnern Sie sich? In Aristophanes' Komödie *Die Vögel* sahen wir ihn die Bühne betreten mit seinen »Instrumenten zur Messung der Luft« und hörten, wie er sich rühmte, die Quadratur des Kreises zu beherrschen. Das hofft auch der Staatsanwalt Paravant, dem in seinem Sanatorium in den Schweizer Alpen im *Zauberberg* das »Problem, dem bei Tag und

Nacht all sein Sinnen gehörte, an das er all jene Persistenz, die ganze sportliche Zähigkeit wandte […], kein anderes [war] als die Quadratur des Kreises«. »Mit verdoppelter Inbrunst« war er von der Überzeugung durchdrungen, dass die Beweise für die Unmöglichkeit der Konstruktion, der Sie auf diesen Seiten begegnet sind, nicht stichhaltig seien. Es ist jene vergebliche Suche, die dem »entgleisten Beamten« von Thomas Mann »große Erleichterung« verschafft, wie gewiss auch Anaxagoras im Gefängnis in Plutarchs *Exil*.[2] Mittlerweile wissen wir, dass dieses »Spiel in den Lüften« alles andere als ätherisch ist. Auch dem Physiknobelpreisträger Dirac zufolge »nimmt der Mathematiker teil an einem Spiel, in dem er die Regeln bestimmt«. Der Physiker hingegen »beteiligt sich an einem Spiel, in dem die Natur die Regeln bestimmt«. Wobei er am Ende entdeckt, dass es »im Lauf der Zeit immer offenkundiger wird, dass die Regeln, die der Mathematiker interessant findet, die gleichen sind, denen die Natur folgt«.

Ein »phantastischer Hokuspokus, ein Hexensabbat verschränkter Runen, […] kabbalistische Male […], nekromantische Kolonnen«, mit »großen Formelmassen vereinigt«, die der Prinz Heinrich in einem Heft der jungen Dame erspäht, sie entpuppen sich als Regeln der Natur und die Symbole der »gottlosen Künste« als Übersetzung in moderne Begriffe der Dreiecke und Kreise in mathematischer Sprache,[3] in der laut Galilei ihr »großes Buch« geschrieben ist. Wie die komplexen Zahlen sind die von einem visionären Mathematiker des 16. Jahrhunderts in einem schicksalhaften Augenblick geschaffenen Symbole ohne Bedeutung »das Terrain, auf dem sich die Atome bewegen«, wie die moderne Quantenphysik erkennen wird.

Doch dieses imaginäre Spiel, das »außerhalb der Luft« stattfindet, besitzt eine unleugbare ätherische Schönheit. Es ist die Schönheit der Theorien von Genies wie Bolyai und Lobatschewski, Gauß und Riemann, Theorien, die in entscheidenden Augenblicken unser geometrisches Bild der Welt, unsere Vorstellungen von Raum und Zeit revolutioniert und schließlich in der Relativitätstheorie ihren Ausdruck gefunden haben. Es ist die Theorie, die laut Dirac »in beispiellosem Maß die mathematische Schönheit in der Beschreibung der Natur eingebracht« hat. Und es ist gerade die »große mathematische Schönheit«, die Einsteins Theorie für die Physiker dadurch annehmbar machte, dass sie zugleich einen tiefgreifenden ästhetischen Wandel bewirkte, vergleichbar dem der kubistischen Formen und Körper in Picassos Gemälde *Les demoiselles d'Avignon* (1907), die zur gleichen Zeit die Ästhetik in der Malerei grundlegend verändert haben. »Wenn man den Raum der Maler vergleichen will mit einer Geometrie, muss man sich an die nichteuklidischen Forscher halten«, heißt es nicht von ungefähr im programmatischen Manifest des *Kubismus* (1912) von Albert Gleizes und Jean Metzinger, in dem aufgefordert wird, »lange über bestimmte Theoreme von Riemann nachzudenken«. Oder über die mehrdimensionalen Räume in Salvador Dalís *Kreuzigung (Corpus hypercubus)* von 1954.

Wie in der Kunst der Malerei ist die Schönheit in der Kunst der Mathematik eine Folge der freien Kreativität. Georg Cantor, ein deutscher Mathematiker des 19. Jahrhunderts und Architekt der modernen Theorie der mathematischen Unendlichkeit, drückte es einmal so aus: »Das *Wesen* der Mathematik liegt gerade in ihrer *Freiheit*.«[4] Was wir darüber hinaus auf diesen Seiten zu finden versuchten, das offenbarte sich in den Geschichten der schicksalhaften Augenblicke, die vom blendenden Licht der mathematischen Schöpfung erhellt wurden, in den Augenblicken, die ein Davor und ein Danach im Verlauf der menschlichen Geschehnisse deutlich werden ließen, angefangen bei dem Augenblick, an dem die Zahl an den Fingern unseres fernen Ahnen auftauchte, der Kerben in einen Knochen ritzte. Denn von da an erklärten die Zahlen uns die Welt.

Anmerkungen

PROLOG

1 Charles Lyell, *Lehrbuch der Geologie. Ein Versuch, die früheren Veränderungen der Erdoberfläche durch noch jetzt wirksame Ursachen zu erklären*, Quedlinburg/Leipzig 1833, S. 379.
2 Voltaire, *Candide*, übers. v. Walter Widmer, München 1980, S. 8.
3 Stefan Zweig, *Sternstunden der Menschheit*, Frankfurt a. M. 1950, S. 5 f.
4 Ebd., S. 6.

ZÄHLEN DER ZEIT UND … DER DINGE

1 Daniel Defoe, *Robinson Crusoe*, übers. v. Franz Riederer, München 1972, Neuaufl. 2010, S. 72 f.
2 Homer, *Odyssee*, IV. Gesang, übers. v. Johann H. Voß, München 2002.
3 Charles Dickens, *»Administrative Reform«* (*Theatre Royal, Drury Lane, June 27, 1855*), in: Speeches. Literary and Social, London 1870, S. 125–135, hier: S. 133 f.
4 *I Ging. Das Buch der Wandlungen*, übers. v. Richard Wilhelm, München 2005, S. 536.
5 Hermann von Helmholtz, *Zählen, Messen, erkenntnistheoretisch betrachtet*, in: Philosophische Aufsätze. Eduard Zeller zu seinem fünfzigjährigen Doctorjubiläum gewidmet, Leipzig 1887, S. 3 f.
6 Gottlob Frege, *Die Grundlagen der Arithmetik: Eine logisch mathematische Untersuchung über den Begriff der Zahl*, Hamburg 1988 (EA 1884), S. V, S. VII u. S. IV.
7 Ebd., S. 104 u. S. 22.
8 Richard Dedekind, *Was sind und was sollen die Zahlen?*, Braunschweig 1961, S. III–IV.
9 Ebd., S. 1.

1 Zit. nach: *Die Fragmente der Vorsokratiker*, übers. v. Hermann Diels, zweisprachige Ausg., Bd. 1, Berlin 2004, S. 151 f. Das Gedicht ist uns in Versen von Simplikios überliefert und sehr schwer zu übersetzen, weshalb die Wissenschaftler die unterschiedlichsten Interpretationen vorgeschlagen haben.
2 Augustinus, *Bekenntnisse,* 11. Buch, 14,17, übers. v. Wilhelm Thimme, München 1982.
3 Leonardo da Vinci, *Codex Atlanticus,* fol. 398v, in: Scritti scelti, hrsg. v. Anna M. Brizio, Turin 1952.
4 Anselm von Canterbury, *Proslogion*, Kap. II (https://www.hsaugsburg.de/~harsch/Chronologia/Lspost11/Anselmus/ans_prot.html, abgerufen am 1. November 2020).
5 Charles de Bovelles, *Libellus de nihilo*, Paris 1510 (https://www.hsaugsburg.de/~harsch/Chronologia/Lspost16/Bovillus/bov_ni00.html, abgerufen am 13. November 2020).
6 Rudolf Carnap, zit. nach: *Ethik und Moral im Wiener Kreis,* hrsg. v. Anne Siegestleitner, Wien/Köln/Weimar 2014, S. 129.
7 Martin Heidegger, *Was ist Metaphysik?*, in: Gesamtausgabe, I. Abteilung: Veröffentlichte Schriften 1914–1970, Bd. 9: Wegmarken, Frankfurt a. M. 1976, S. 103–122, hier: S. 114.
8 Lewis Carroll, *Euclid and his modern Rivals,* London 1879, S. 17 f. u. S. 54.
9 Lewis Carroll, *Alice im Wunderland. Alice hinter den Spiegeln,* übers. v. Christian Enzensberger, Frankfurt a. M. 1963, Neuaufl. 1999, S. 205 f.
10 William Shakespeare, *König Lear,* 1. Akt, 2. Szene, übers. v. Wolf Graf Baudissin, in: Sämtliche Werke, Heidelberg o.J.
11 Otto Neugebauer, *The Exact Sciences in Antiquity*, Kopenhagen/Providence, R.I., 1957 (EA 1951), S. 20 u. S. 27.
12 Nach Ansicht anderer stammen diese Texte aus dem 2. Jahrhundert n. Chr.
13 Aus dem Widmungsprolog des *Liber abbaci*, in: Scritti di Leonardo Pisano, hrsg. v. Baldassare Boncompagni, Bd. I, Rom 1857, S. 1.
14 William Shakespeare, *König Lear*, 1. Akt., 4. Szene, a. a. O.
15 William Shakespeare, *Das Wintermärchen*, 1. Akt, 2. Szene, übers. v. Frank Günther, zweisprachige Ausg., München 2006.
16 William Shakespeare, *Heinrich V.*, Prolog, übers. v. August Wilhelm von Schlegel, in: Sämtliche Werke, Heidelberg o.J.
17 Gottfried Wilhelm Leibniz, *De organo sive arte magna cogitandi*, in: Sämtliche Schriften und Briefe, Sechste Reihe, Bd. 4, Berlin 1999, S. 156–160.
18 William Shakespeare, *König Lear,* 1. Akt, 1. Szene u. 1. Akt, 4. Szene, a. a. O.
19 Das Original findet sich in: Gottfried Wilhelm Leibniz, Sämtliche Schriften und Briefe, Erste Reihe, Bd. 13, Berlin 1987, S. 116–121.

20 Gottfried Wilhelm Leibniz, *Monadologie und andere metaphysische Schriften*, Hamburg o. J., S. 163.
21 Heidegger, *Was ist Metaphysik?*, a. a. O., S. 122.
22 Pierre Simon de Laplace, *Philosophischer Versuch über Wahrscheinlichkeiten*, Heidelberg 1819, S. 184.
23 Nicolas Bourbaki, *Éléments de mathématique*, Teil 1, Bd. 1: *Théorie des ensembles*, Paris 1939, S. 4.
24 André Weil, *Lehr- und Wanderjahre eines Mathematikers*, Basel/Boston/Berlin 1993, S. 124.

DIE ENTDECKUNG DER IRRATIONALEN ZAHLEN

1 Dante Alighieri, *Göttliche Komödie*, Paradies, XIII. Gesang, übers. v. Karl Vossler, München 1969.
2 Die hier und an späterer Stelle zitierte Korrespondenz findet sich in: Simone Weil, *Œuvres complètes*, Bd. 7,1: *Correspondance – Correspondance Familiale*, hrsg. v. Robert Chenavier / André A. Devaux / Florence de Lussy, Paris 2012, S. 433–484 u. S. 531–561.
3 Hippokrates von Chios schlug vor, zwei proportionale Mittelwerte zwischen zwei Abschnitten a und $2a$, einer doppelt so groß wie der andere, einzufügen, also $a : x = x : y = y : 2a$, woraus folgt: $a : x = x : y$ und $x : y = y : 2a$, und schließlich $x^3 = 2a^3$.

DAS ECKIGE UND DAS RUNDE

1 Carlo Emilio Gadda, *Die Liebe zur Mechanik*, Frankfurt a. M. 1993, S. 117.
2 Dante Alighieri, *Göttliche Komödie*, Paradies, XIII. Gesang, a. a. O.
3 Ebd., XXXIII. Gesang.
4 Dante Alighieri, *Gastmahl*, 2. Traktat, Kapitel 14, übers. v. Constantin Sauter, Freiburg i. Br. 1911.
5 Jean-Étienne Montucla, *Histoire des recherches sur la quadrature du cercle*, Paris 1831, S. 2.
6 Michael Stifel, *Arithmetica integra*, Nürnberg 1544, S. 224.
7 Ebd., S. 224 u. S. 226.
8 Montucla, *Histoire des recherches sur la quadrature du cercle*, a. a. O., S. 209.
9 Ebd., S. 50.
10 Ebd.
11 Umberto Eco, *Das Foucaultsche Pendel*, übers. v. Burkhart Kroeber, München 1992, S. 9.

DIE IMAGINÄREN ZAHLEN

1 Tartaglia selbst streute an verschiedenen Stellen seiner Werke diese autobiografischen Angaben ein.
2 Stendhal, *Leben des Henri Brulard*, 2 Bde., München 1925, S. 26.
3 Ebd., S. 112.
4 Für die Zitate siehe: *Des Girolamo Cardano von Mailand eigene Lebensbeschreibung*, übers. v. Hermann Hefele, Tübingen 2014 (EA 1914), S. 4 u. S. 64, S. 55, S. 123 u. S. 158,
5 Die Korrespondenz ist dokumentiert in: Niccolò Tartaglia, *Quesiti et Inventioni diverse*, 9. Buch, Venedig 1554.
6 Leonhard Euler, *Vollständige Anleitung zur Algebra*, St. Petersburg 1771, S. 59 ff.
7 *Briefwechsel zwischen Gauß und Bessel*, hrsg. v. Arthur Auwers, Leipzig 1880, S. 156 f.
8 Robert Musil, *Die Verwirrungen des Zöglings Törleß*, Wiesbaden 2013 (EA 1906), S. 114 f.
9 Ebd., S. 115 u. S. 121.
10 Ebd. S. 121.
11 Stendhal, *Leben des Henri Brulard*, a. a. O., S. 106 u. S. 109.
12 Musil, *Die Verwirrungen des Zöglings Törleß*, a. a. O., S. 121.
13 Freeman Dyson, *Birds and Frogs*, in: Notices of the American Mathematical Society, Bd. 56, Nr. 2, S. 212–223, hier: S. 213.

DAS NICHTEUKLIDISCHE UNIVERSUM

1 Immanuel Kant, *Kritik der reinen Vernunft*, Hamburg 1998 (EA 1781/87), S. 98.
2 Fjodor Michailowitsch Dostojewski, *Die Brüder Karamasoff*, übers. v. Karl Nötzel, Gütersloh 1957, S. 313.
3 *Wilhelm Olbers. Sein Leben und seine Werke*, hrsg. v. C. Schilling, Berlin 1894, S. 651 f.
4 Dostojewski, *Die Brüder Karamasoff*, a. a. O., S. 313 f.
5 Antwortbrief von Gauß an Taurinus vom 8. Nov. 1824, in: Carl Friedrich Gauss, *Werke*, Bd. 8, Leipzig 1900, S. 186 f.
6 Wolfgang und Johann Bolyai, *Geometrische Untersuchungen*, Leipzig 1913, S. 82.
7 Ebd., S. 76 f. u. S. 82.
8 Ebd., S. 60.
9 Ebd., S. 69.
10 Ebd., S. 69 u. S. 86.

11 H. Minkowski, *Raum und Zeit,* Vortrag, gehalten auf der 80. Naturforscher Versammlung zu Köln am 21. September 1908, Leipzig/Berlin 1909, S. 1.
12 Wolfgang und Johann Bolyai, *Geometrische Untersuchungen,* a. a. O., S. 215 u. S. 119.
13 *Briefwechsel zwischen Carl Friedrich Gauß und Wolfgang Bolyai*, hrsg. v. Franz Schmidt / Paul Stäckel, Leipzig 1899, S. 112.
14 Ebd., S. 109.
15 Wolfgang und Johann Bolyai, *Geometrische Untersuchungen*, a. a. O., S. 86.
16 Nikolai Iwanowitsch Lobatschewski, *Zwei geometrische Abhandlungen*, übers. v. Friedrich Engel, Leipzig 1898, S. 164.
17 Nikolai Iwanowitsch Lobatschewski, *Imaginäre Geometrie*, übers. v. Heinrich Liebmann, in: Abhandlungen zur Geschichte der mathematischen Wissenschaften, Bd. 19, S. 3–50, hier: S. 11.
18 *Bernhard Riemann's Gesammelte Mathematische Werke und wissenschaftlicher Nachlass*, hrsg. v. Heinrich Weber / Richard Dedeking, Leipzig 1876, S. 254.
19 Ebd., S. 266 u. S. 268.

EPILOG

1 Thomas Mann, *Königliche Hoheit,* Zürich 2004 (EA 1909), S. 297 f.
2 Thomas Mann, *Der Zauberberg*, Frankfurt a. M. 2004 (EA 1924), S. 866.
3 Thomas Mann, *Königliche Hoheit,* a. a. O., S. 317 f.
4 Georg Cantor, *Über unendliche lineare Punktmannigfaltigkeiten*, in: Gesammelte Abhandlungen, hrsg. v. Ernst Zermelo, Berlin 1932, S. 182.